できる YouTuber式

Google
スプレッドシート
現場の教科書

［著］神川陽太 & 長内孝平　ユースフル／実務変革のプロ
YouTuber

インプレス

はじめに

● Google スプレッドシートの使い方を学びたい皆さまへ

　この度は本書を手に取っていただき、本当にありがとうございます。著者の神川陽太と申します。

本書は
　①スプレッドシートを使ってどんなことができるのか知りたい
　②基礎から応用まで体系的にスプレッドシートについて学んでみたい
　③スプレッドシートを明日からすぐ効率的に使いたい
そんな考えを持つ方々の役に立ちたいという思いのもと、執筆いたしました。

　これまで、皆さまはどのようにスプレッドシートを学んできたでしょうか。おそらく多くの方がインターネットの情報を利用する、または実際に触りながら覚えてきたかと思います。本書出版時点で、スプレッドシートを体系的に学べる本や動画といったコンテンツはExcelと比較しても圧倒的に少なく、「学びたくても学べない」といった側面が少なからずあったと考えています。

　また、2020年からのコロナウイルス蔓延により、多くの人が働き方の転換を迫られました。その影響で、共同作業に特化したスプレッドシートへの注目度はさらに高まっています。いまや、ビジネスパーソンにとって必須のツールといっても過言ではないでしょう。

● 本書の構成
　タイトルにも『現場の教科書』とあるように、本書は「実務の中でいかに役に立つか」を最優先事項としてコンテンツを練り上げました。本書に記載されている内容は私自身の考えのみで書かれたものではありません。
　日頃から応援してくださるYouTube視聴者の方々や私たちが主催する

ITパーソナルトレーニングを受講いただいている方々からもご意見をいただき、実際に業務効率を改善するために効果的な機能を紹介しています。

● 本書を使った学び方

　本書を使ってスプレッドシートの使い方を学ぶ際には、本書の内容と連動したYouTube動画を併せて活用する「本×動画」の学び方を強くおすすめしています。私たちの活動するYouTubeチャンネルである「ユースフル / 実務変革のプロチャンネル」では40万を超える方に登録いただき、日々新しい知識・学びを増やせるようなコンテンツをご用意しています。このように2つの媒体をまたいで勉強していただくのは、本・動画それぞれに、学ぶ場面に応じた異なる利点があるからです。2種類のコンテンツを皆さんの勉強したいシチュエーションに応じて柔軟に使い分けることによって、ほかにはない効率的な学びを実現できるかと思います。

　またYouTubeチャンネル上では、各動画に設けられた「コメント欄」を通じて、視聴者であるあなたと私での双方向のコミュニケーションが可能になっています。ぜひ質問や感想などを自由に投稿してみてください。皆さまからのコメントを私も楽しみにしています。

　最後にはなりますが、この度出版の機会をいただくにあたり、お力添えいただいた弊社社長の長内、チームメンバー、出版社の皆様、そして何よりチャンネル視聴者の方々に感謝申し上げます。本当にありがとうございます。それではさっそくGoogleスプレッドシートを使って、あなたの業務効率をさらに高める旅へ、共に一歩踏み出しましょう！

2021年9月
ユースフル / 実務変革のプロチャンネル 神川陽太

CONTENTS

⊙ PROLOGUE

なぜいま
スプレッドシートか

⊖ CHAPTER 3
スプレッドシートの 「VLOOKUP関数」を使い倒す

練習用スプレッドシートについて
本書で紹介している練習用スプレッドシートは、以下Webサイトからアクセスできます。
練習用スプレッドシートと書籍・動画を併用することで、より理解が深まります。
https://book.impress.co.jp/books/1120101167

練習用スプレッドシートの使い方
練習用スプレッドシートは、お使いのGoogleドライブにコピーしてお使いください。
①スプレッドシートを開き、[ファイル]メニューの[コピーを作成]をクリックします。
②[ドキュメントのコピー]という画面が表示されるので、[名前]にわかりやすい名前
　をつけて[OK]ボタンをクリックします。
③コピーしたスプレッドシートが表示されます。
※コピーしたスプレッドシートは、Googleドライブのマイドライブに保存されています。

練習用スプレッドシートの構成
練習用スプレッドシートは、書籍の項目ごとにシートを分けてあります。各項目の見出
し上の「SHEET」部分がシート名になっているので、そのシートを開いて操作してくださ
い。項目によっては操作結果のシートも用意してあるので参考にしてください。

本書の読み方

各レッスンには、操作の目的や効果を示すレッスンタイトルと機能名で引けるサブタイトルを付けています。2〜6ページを基本に、テキストと図解で現場で使えるスキルを簡潔に解説しています。

練習用スプレッドシート

解説している機能をすぐに試せるように、練習用ファイルを用意しています（詳しくは11ページを参照）。

動画解説

動画が付いたレッスンは、ページの右上に表示されたQRコードまたはURLから動画にアクセスできます。

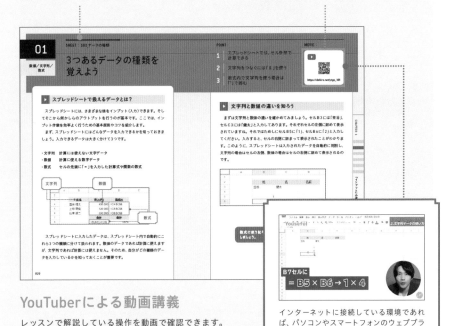

YouTuberによる動画講義

レッスンで解説している操作を動画で確認できます。著者の解説とともに、操作の動きがそのままみられるので、より理解が深まります。すべてのレッスンの動画をまとめたページも用意しました。

インターネットに接続している環境であれば、パソコンやスマートフォンのウェブブラウザーから簡単に閲覧できます。アプリのインストールや登録の手続きなどは不要です。

⬇ **本書籍の動画まとめページ**

https://dekiru.net/ytgs

なぜいま
スプレッドシートか

スプレッドシートが人気を集める3つの理由

▶ なぜ学ぶか

皆さんは、Googleスプレッドシート（以下、スプレッドシート）についてどんな印象をお持ちでしょうか。

私がこの問いを投げかけたときに、最も多く聞かれたのが「Excelと同じようなモノ」という答えでした。スプレッドシートとは表計算ソフトの一種で、データを計算し、データを基にグラフを作るといった「データを見やすくする」作業が得意なソフトウェアです。そしてExcelも同じ表計算ソフトであり、一般的に使われる機会はExcelのほうが多いために、先程のような答えが返ってくるのです。

ところが、2020年からのコロナウイルスの蔓延によって、多くの人の働き方が変化した結果、スプレッドシートの人気は急速に高まっています。なぜ働き方の変化によってスプレッドシートの人気が高まったのか？ その答えも含めて、スプレッドシートには特筆すべき利点が大きく分けて3つあります。

Google スプレッドシートの利点3つ

1. 個人が簡単に無料で利用できる
2. リアルタイムでの共同編集が簡単にできる
3. Excelにはない独自の便利な関数を利用できる

それぞれの利点について、より具体的に説明していきます。

POINT :

1 スプレッドシートは表計算ソフトで
ある

2 働き方の変化により、スプレッド
シート人気は高まっている

3 スプレッドシートには、3つの学ぶべ
き理由がある

▶ 個人が簡単に無料で利用できる

「インターネットで手軽に」かつ「できるだけお金をかけずに」使える表計算ソフトとしては、Excelよりもスプレッドシートが優勢です。そのため、個人や小さな組織での活用が進んでいます。ExcelもWeb版を無料で使えるようになりましたが、一部機能制限があります。

▶ リアルタイムでの共同編集が簡単にできる

詳しい方法については第5章で説明しますが、スプレッドシートではURLとGoogleアカウントさえあれば、簡単に社内外へデータをシェアすることができます。データを更新した際に、都度メールでファイルを送信するといったコミュニケーションコストを省けるなど、時短にもつながります。

▶ Excelにはない独自の便利な関数を利用できる

Excelの関数では不可能だった挙動を可能にする関数や、Webページから情報を取得するための関数など、スプレッドシートには独自の強力な関数が多数用意されています。本書では、その中でも特に活用していただきたい4つの関数を解説していきます。

スプレッドシートを学ぶモチベーションは高まってきたでしょうか。

本書は確実に知識を習得していただけるよう、「本×動画」の勉強法をおすすめしています。

PROLOGUE

なぜいまスプレッドシートか

「本×動画」を活用する
モダンな学習法

▶ いかに学ぶか、何を学ぶか

　これからスプレッドシートの勉強を始めるにあたり、本書を読み進めていただくのはもちろん、本の内容に対応したYouTube動画も併せて活用できるようになっています。これら2つの媒体を活用することで、お互いの強みを活かしたハイブリットな学習が可能になり、1つひとつのテーマを確実に理解したうえで勉強を進められます。では本と動画、それぞれにどんな強みがあるのかをチェックしましょう。

● 本の強みは「要点をサッとつかめる」

　業務中にわからない部分が出た際、辞書のような役割ですばやく問題を解決できます。（情報取得の即時性）

● 動画の強みは「細かい操作をじっくり学べる」

　実際の画面を見てステップバイステップで操作方法を確認し、動画を止めながら自身のペースで学べます。それぞれの機能をじっくりと学べるので、家でまとまった学習時間がとれる場合に効果的です。（情報の網羅性）

　このように場面に応じて勉強法を使い分けることができるため、ムダがなく、できるかぎり「わからない」を生まないような構成になっています。もし、わからない箇所があればYouTubeのコメント欄にて気軽に質問してみてください。

1 本、動画を使った勉強法にはそれぞれのメリットがある

2 本書は両者の「いいとこどり」で学べる

3 3つの業務フローを段階的に学べる

● 業務フローを意識する

　本書では日常的に行うスプレッドシートを用いた業務を3つに細分化し、インプット→アウトプット→シェアという業務フローに応じて、必要な知識を段階的に学べる仕組みになっています。

インプット

すべてのデータを手入力していくのではなく、スプレッドシートの機能を用いて、いかに効率よくデータ入力を行うかをメインにご紹介します。

アウトプット

関数やグラフ、ピボットテーブルについて学び、すばやくデータから「答え」を導き出すための術を身につけましょう。

シェア

スプレッドシートは他者との共同作業にて特に力を発揮します。簡単に周りの人とデータを共有しながら、データの安全性を保つ方法をマスターしましょう。

　これら3つの作業をすばやく、かつ確実に行えるようになることで、あなたの働き方は確実に変わっていきます。各チャプターごとに「新しい気づき」や「できるようになったこと」を振り返りながら、楽しんで前に進んでいきましょう。

PROLOGUE

なぜいまスプレッドシートか

私がユースフルでインターンを始めたきっかけ

　私がはじめてユースフルに携わったのは、2020年5月のことでした。もともと米国に留学しており、5月〜7月はニューヨークでインターンをする予定だったのですが、コロナウイルスの影響でキャンセルになってしまい渋々帰国の準備をしていました。そんなときたまたま目に留まったのが、おささん（長内孝平）がインターン生を募集しているというツイートでした。応募した理由は2つあります。1つ目の理由は、私がYouTubeチャンネルの視聴者であり、おささんの知的な話し方に「かっこよさ」を感じていたからです。それは1年経った今でも変わりません。2つ目の理由は、日本でやることを作り、留学への未練を断ち切るためです。ほかの熱中できる何かを探さないと、そのまま留学への思いを抱え続けた亡霊になってしまう気がしていました。

　面接を通過後、最初の1か月は仲間のインターン生と動画教材「ExcelPro」で学びを深めたり、1日1つニュースを取り上げ、FAB理論（第2章のコラム参照）などのフレームワークを用いて「わかりやすく」伝える練習をしたりしていました。当時はまだPC初心者だったので、PC操作の習得がどんな業務よりも一番辛かった！隔離先のホテルで悲鳴を上げながら取り組んでいました。その業務が終わってからは、本書を出すきっかけにもなったYouTubeでの活動を1年以上続けています。

　私がインターンを始める前から、おささんは青森で暮らしています。これは誰に話しても驚かれますが、私はユースフルに携わって1年以上経った今でも、おささんとまだ1回しか対面で話したことがありません。毎週の30分ミーティングが唯一の交流の場ですが、それでも私はおささんに人生を変えてもらったと確信しています。私は定期的に、自身の直近の人生を振り返るようにしています。「あのとき違う選択をしたら、どうなっていたか」や「今これをしていなかったら」のように考えるのですが、そこには「自身が置かれている環境の貴重さを再認識し、感謝する」という意味合いが込められています。自分が熱中できることを愚直に行う過程で、尊敬する方々に出会い、皆さまに手にとっていただけるような本を執筆できたことを誇りに思います。

「インプット」の
速度を上げる

SHEET：101_データの種類

3つあるデータの種類を覚えよう

▶ スプレッドシートで扱えるデータとは？

　スプレッドシートには、さまざまな値をインプット（入力）できます。そしてそこから何かしらのアウトプットを行うのが基本です。ここでは、インプット作業を効率よく行うための基本原則やコツを紹介します。

　まず、スプレッドシートにはどんなデータを入力できるかを知っておきましょう。入力できるデータは大きく分けて3つです。

・文字列　　計算には使えない文字データ
・数値　　　計算に使える数字データ
・数式　　　セルの先頭に「＝」を入力した計算式や関数の数式

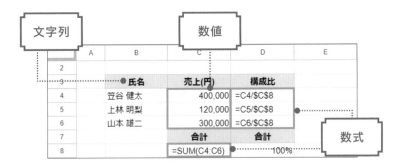

　スプレッドシートに入力したデータは、スプレッドシート内で自動的にこれら3つの種類に分けて扱われます。数値のデータであれば計算に使えますが、文字列であれば計算には使えません。そのため、自分がどの種類のデータを入力しているかを知っておくことが重要です。

POINT :

1 スプレッドシートでは、セル参照で計算できる

2 文字列をつなぐには「&」を使う

3 数式内で文字列を使う場合は「"」で囲む

MOVIE :

https://dekiru.net/ytgs_101

▶ 文字列と数値の違いを知ろう

　まずは文字列と数値の違いを確かめてみましょう。セルB3には「笠谷」、セルC3には「健太」と入力してあります。それぞれセルの左側に詰めて表示されていますね。それではためしにセルB5に「1」、セルB6に「2」と入力してください。入力すると、セルの右側に詰まって表示されたことがわかります。このように、スプレッドシートは入力されたデータを自動的に判別し、文字列の場合はセルの左側、数値の場合はセルの右側に詰めて表示されるのです。

	A	B	C	D
1				
2		姓	名	名前
3		笠谷	健太	
4				
5		1		
6		2		

文字列は左詰め、数値は右詰めで表示されている

> 数式に使う記号や数値は必ず半角で入力しましょう。

▶ 数式を使って計算しよう

スプレッドシートでは、セルに数式を入力して計算できます。具体的な数式の書き方としては「=1+2」や「=A1+A2」のように、冒頭に「=」を記述し、続けて数値やセル番号を入力することで計算が行われます。算数や数学で学んだ「1+2=3」のような書き方とは「=」の位置が異なることに注意しましょう。また「足し算」「引き算」「掛け算」「割り算」の記号はそれぞれ「+」「-」「*」「/」となっており、特に掛け算と割り算の記号は通常とは異なる点を覚えておきましょう。詳しくは23ページの図表1-03をご覧ください。

● セル参照で計算する

=B5+B6

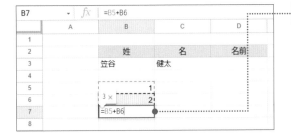

1

セルB7に上の数式を入力して Enter キーを押す

計算結果が表示された

● セル参照を使った計算の仕組み

（図表1-01）

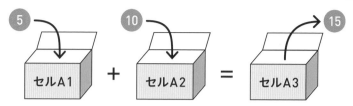

A1+A2=15

（図表1-02）

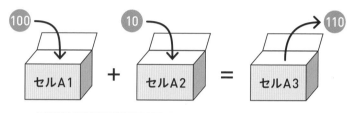

A1+A2=110

数式は「=A1+A2」のまま、値を変えて計算できる

セル参照を使わず、セルに直接「=1+2」
のように数字を入力しても計算できます。

［算術演算子の記号（図表1-03）］

意味	記号	入力例
加算	+（プラス）	=A1+A2（A1の値にA2を足す）
減算	-（マイナス）	=A1-A2（A1の値からA2を引く）
乗算	*（アスタリスク）	=A1*A2（A1の値にA2をかける）
除算	/（スラッシュ）	=A1/A2（A1の値をA2で割る）
べき乗	^（キャレット）	=A1^A2（A1をA2乗する）

CHAPTER 1

「インプット」の速度を上げる

▶ 文字列データも数式で扱える

いまセルB3に「笠谷」、セルC3に「健太」と入力されています。これをつなげてセルD3に「笠谷健太」と表示したいときも数式が使えます。数式を入力するときは「＝」から入力してセル番号を指定するのは前述の計算式と同じですが、文字列をつなげる場合は、算術演算子の代わりに文字列演算子の「＆」（アンパサンド）を使います。それではセルD3に「＝B3＆C3」と入力して Enter キーを押してください。するとセルD3に「笠谷健太」と表示されます。

● 文字列が入力されたセルを結合する

=B3&C3

1

セルD3に上の数式を入力して Enter キーを押す

「笠谷健太」と表示された

理解を深めるHINT 🔍　　　≡

いろいろな役割をもつ演算子

演算子には、さまざまな役割があり、役割ごとに種類も分かれています。ここで紹介した算術演算子や文字列演算子のほかにも、値同士の大小を比較する比較演算子（＝、＜、＞など）、セル範囲を指定する参照演算子（コロン（:）、カンマ（,）など）があります。

▶ 「様」をつけたいときは?

　フルネームにできたので、おまけに「様」をつけてみましょう。ここまで学んだように「&」で「様」をつなげばよいように思います。ためしにセルD3に「=B3&C3&様」と入力してみてください。するとセルD3に「#NAME?」とエラーが表示されたことでしょう。実は数式内で直接文字列を扱うときは、「"」(ダブルクォーテーション)で囲む必要があるのです。セルD3の数式を「=B3&C3&"様"」と直すと、意図した通り「笠谷健太様」と表示されます。このように、文字列は「"」で囲むというのが大切なルールなので覚えておきましょう。スペースも文字列なので、苗字と名前のあいだに空白を入れたいときは、「" "」のようにスペースを「"」で囲みます。

●「"」をつけずに入力すると

=B3&C3&様

D3		▾	$f\!x$	=B3&C3&様		
	A		B	C	D
1					
2			姓	名	名前
3			笠谷	健太	#NAME?
4					
5					

「#NAME?」と
表示された

●「"」をつけて入力すると

=B3&C3&"様"

D3		▾	$f\!x$	=B3&C3&"様"		
	A		B	C	D
1					
2			姓	名	名前
3			笠谷	健太	笠谷健太様
4					
5					

「笠谷健太様」と
表示された

> セルの内容を編集するときは、セルを選択して F2 キーを押します。

02

表示形式

見えている数値と
実際の数値

▶ 値はそのままで見た目を変える「表示形式」

　スプレッドシートに入力できるデータには「数値」「計算式」「文字列」の3
種類あることがわかりました。今回は「入力したデータの見た目をどのよう
に表現するか」について解説します。たとえば、セルに「0.5」と入力した場
合、そのまま「0.5」という数字を利用することもあれば、「50%」のようにパー
センテージ表記に変えたものを利用するケースも考えられます。現場の用途
に応じて、スプレッドシート上でのデータの見せ方（表示形式）を柔軟に変え
ることができるのです。

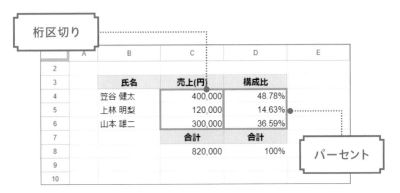

桁区切り

パーセント

	A	B	C	D	E
2					
3		氏名	売上(円)	構成比	
4		笠谷 健太	400,000	48.78%	
5		上林 明梨	120,000	14.63%	
6		山本 雄二	300,000	36.59%	
7			合計	合計	
8			820,000	100%	
9					
10					

　ここでは売上実績表に入力された構成比をパーセントにして、売上金額に
桁区切りを設定します。セルD4～D6には、担当者ごとの売上構成比が小数
で入力されています。これをパーセント表示にして、100％のうちの何パー
セントを占めているかわかりやすくしてみましょう。また、大きな数値を扱
うときは、桁がわかりやすいように桁区切りのカンマを入れるのが原則で
す。セルD4～D6の金額に桁区切りを入れてみましょう。

1 見た目と値が同じとは限らない

2 数値の見た目はカスタマイズできる

3 大きい数値は表示単位を変えて
見やすく

https://dekiru.net/ytgs_102

● 表示形式をパーセントにして、金額に桁区切りを入れる

	A	B	C	D	E
2					
3		氏名	売上(円)	構成比	
4		笠谷 健太	400000	0.487804878	
5		上林 明梨	120000	0.146341463	
6		山本 雄二	300000	0.365853659	
7			合計	合計	
8			820,000	100%	
9					

1

セルを選択して [Ctrl] +
[Shift] + [5] キーを押す

	A	B	C	D	E
2					
3		氏名	売上(円)	構成比	
4		笠谷 健太	400000	48.78%	
5		上林 明梨	120000	14.63%	
6		山本 雄二	300000	36.59%	
7			合計	合計	
8			820,000	100%	
9					

パーセント表示 (%)
になった

	A	B	C	D	E
2					
3		氏名	売上(円)	構成比	
4		笠谷 健太	400000	48.78%	
5		上林 明梨	120000	14.63%	
6		山本 雄二	300000	36.59%	
7			合計	合計	
8			820,000	100%	
9					

2

セルを選択して [Ctrl] +
[Shift] + [1] キーを押す

桁区切りのカンマが
表示された

	A	B	C	D	E
2					
3		氏名	売上(円)	構成比	
4		笠谷 健太	400,000	48.78%	
5		上林 明梨	120,000	14.63%	
6		山本 雄二	300,000	36.59%	
7			合計	合計	
8			820,000	100%	
9					

CHECK!

小数点以下の桁数を少
なくするには [小数点
以下の桁数を減らす]
⁰⌐₀ を、逆に増やしたい
ときは [小数点以下の
桁数を増やす] ⌐⁰⁰ をク
リックします。

● 数値を千単位で表示する

スプレッドシートの表示形式は、自分でカスタムできます。ここでは例として金額を「400,000」から千円単位の「400」にしてみましょう。

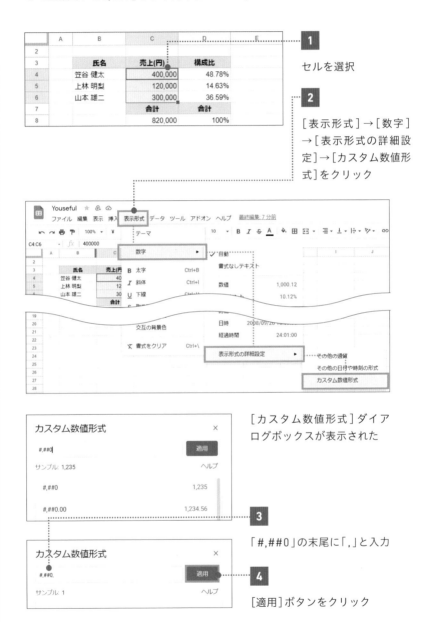

1 セルを選択

2 [表示形式]→[数字]→[表示形式の詳細設定]→[カスタム数値形式]をクリック

[カスタム数値形式]ダイアログボックスが表示された

3 「#,##0」の末尾に「,」と入力

4 [適用]ボタンをクリック

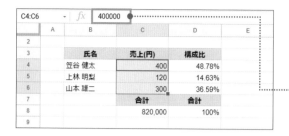

セルC4～C6に「400」のように数値が千単位で表示された

数式バーに「400000」と表示されていることを確認する

　ここでセルの数字は千単位で表示されましたが、セルC4を選択した状態で数式バーを見てみましょう。ここにはもとの「400000」という数値が表示されていますね。このように、本当は「400000」だけれど、見かけ上「400」に変えている、というのが表示形式の機能になります。

▶ Excelとの操作の違いを覚えておこう

　Excelでセルの書式設定を行うショートカットキー（Ctrl+1キー）を覚えている人も多いでしょう。スプレッドシートはWebブラウザ上で操作しているため、このショートカットキーには一番左のタブに切り替わる機能が割り当てられています。スプレッドシートでも、[スプレッドシートの互換ショートカットを有効にする]をオンにすることでExcelと同じCtrl+1キーを有効にできますが、[表示形式]メニューが開くだけとなります。

● スプレッドシートの互換ショートカットを有効にする

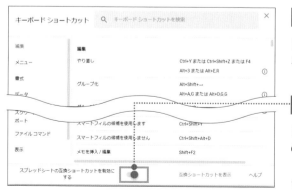

1
[ヘルプ]→[キーボードショートカット]をクリック

2
[スプレッドシートの互換ショートカットを有効にする]をクリック

「インプット」の速度を上げる

03

シリアル値

日付・時刻を
シリアル値として扱おう

▶ 日付や時刻も数値として扱える

スプレッドシートでは、日付や時刻を「数値」として扱います。たとえば「2021年2月1日」は「44,228」という数値で管理されています。人間の目には日付（2021年2月1日）として見えるものが、スプレッドシート内部では数値（44,228）として扱われているということです。この数値のことを「シリアル値」といいます。

● 日付や時刻をシリアル値に変えてみよう

1

日付が表示されたセルを選択し、[表示形式の詳細設定] 123▾ をクリックして [自動] を選択

日付がシリアル値で表示された

2

時刻のほうも同じように操作すると「0.5」と表示された。

POINT :

1 | 日付・時刻も計算可能なシリアル値にできる

2 | シリアル値では「1900年1月1日」を1とする

3 | 日付と時刻を一緒に表記することも可能

MOVIE :

https://dekiru.net/ytgs_103

▶ シリアル値は連続した数値だから計算できる

日付のシリアル値は1900年1月1日を「1」として、1日ごとに1ずつ増える連続した値です。時刻のシリアル値は24時間を「1.0」としているため、12時であれば「0.5」、18時であれば「0.75」となります。シリアル値では、整数部分が日付を、小数部分が時刻を表しているのです。シリアル値は数値データであるため、計算に使えるのがポイントです。たとえば「2021年2月1日」から「2021年1月20日」を引くと、「12」という日数が導けます。

G	H
2020/02/01	2020/01/20
	=G2-H2

計算式を入力するときは「=」を入力しセルを選択、間に演算子を入れる

日付と時刻を一緒に表すこともでき、たとえば「2021年2月1日 12時00分」をシリアル値にすると「44,228.5」となります。

[日付のシリアル値（図表1-04）]

1900/1/1　1900/1/2　2019/2/28　2019/3/1　2019/3/2

1　2　43524　43525　43526　…

[時刻のシリアル値（図表1-05）]

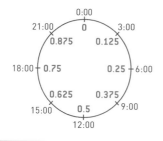

0:00
0
21:00　3:00
0.875　0.125
18:00　0.75　0.25　6:00
0.625　0.375
15:00　0.5　9:00
12:00

CHECK!

日付や時刻の実体はシリアル値であり、表示形式で見え方が変わっているということです。このシリアル値は重要な概念なので、しっかり覚えておきましょう。

04

コピー／ペースト／オートフィル

データ入力を効率化しよう
～コピー＆ペーストとオートフィル～

▶ **文書制作を加速させるコピー＆ペーストをマスターする**

　スプレッドシートでは、同じようなデータを大量に入力することがよくあります。そういう場合に欠かせないのがコピーとペースト（貼り付け）です。この2つはもっとも使用頻度の高い機能なのでマスターしておきましょう。

● マウスを使わないコピー＆ペースト、 Ctrl + C 、 Ctrl + V

1

コピーしたいセルを選択し、Ctrl + C （Macの場合は ⌘ + C ）キーを押す

選択範囲が点線で囲まれた

2

貼り付け先の先頭のセルを選択し、Ctrl + V （Macの場合は ⌘ + V ）キーを押す

コピーしたデータが貼り付けられた

CHECK!
横方向も同じようにコピー＆ペーストできます。

ショートカットキーは、コピーが Ctrl （ ⌘ ）+ C 、貼り付けが Ctrl （ ⌘ ）+ V キーです。

1 コピー＆ペーストを使って効率よく入力する

2 オートフィルを使って計算式をほかのセルにも適用する

3 数値のオートフィルで連続する数字を入力する

https://dekiru.net/ytgs_104

▶ 連続したデータを一発で入力する

連続したセルに「1、2、3」といった連番や、同じ計算式を続けて入力するケースはよくあります。そういう場合は、オートフィル機能を使うと一発で入力できます。スプレッドシートでは、最初のセルに入力したタイミングで自動的にオートフィルを適用できるほか、Excelと同じようにフィルハンドルでオートフィルを行えます。

● 入力したタイミングでオートフィルを行う

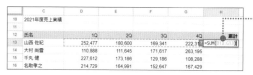

1

セルに数式「=SUM（D 13:G 13）」を入力し Enter キーを押す

2

[自動入力]の吹き出しが表示されたら Ctrl + Enter （Mac の場合は ⌘ + return ）キーを押す

連続した範囲に数式が入力された

	C	D	E	F	G	H
10	2021年度売上実績					
11						
12	氏名	1Q	2Q	3Q	4Q	累計
13	山西 佐紀	252,477	180,600	169,341	222,317	824,735
14	大村 尚雪	110,888	111,645	171,617	263,195	657,345
15	千丸 健	227,612	173,186	129,186	108,288	638,272
16	名取孝之	214,729	164,991	152,647	167,429	699,796

CHECK!

[自動入力]が出てこない場合は[ツール]メニューの[オートコンプリートを有効にする]にチェックを入れてください。

● フィルハンドルを使ってオートフィルを行う

	A	B	C		G	H	I
10			2021年度売上実績				
11							
12			ID 氏名		4Q	累計	
13			1 山西 佐紀		222,317	824,735	
14			2 大村 尚雪		263,195		
15			3 千丸 健		108,288		
16			4 名取孝之		167,429		

1 セルを選択し、右下のフィルハンドルにマウスポインターを合わせる

	A	B	C		G	H	I
10			2021年度売上実績				
11							
12			ID 氏名		4Q	累計	
13			1 山西 佐紀		222,317	824,735	
14			2 大村 尚雪		263,195	657,345	
15			3 千丸 健		108,288	638,272	
16			4 名取孝之		167,429	699,796	

2 下方向にドラッグ

データがコピーされた

> フィルハンドルとは、選択したセル範囲の右下に表示される■のことです。フィルハンドルにマウスポインターを合わせるとマウスポインターの形が十字になるので、その状態でドラッグします。

● オートフィルで連続する数値を入力する

「1、2、3……」のような連続したデータを入力したい場合は、2つの連続した値を入力してからフィルハンドルをドラッグします。

	A	B	C	D	E	
11						
12			ID 氏名	1Q	2Q	
13		●	1 山西 佐紀	252,477	180,600	
14			2 大村 尚雪	110,888	111,645	
15			千丸 健	227,612	173,186	
16			名取孝之	214,729	164,991	
17						

1 「1」と「2」を入力

	A	B	C	D	E	
11						
12			ID 氏名	1Q	2Q	
13			1 山西 佐紀	252,477	180,600	
14			2 大村 尚雪	110,888	111,645	
15			千丸 健	227,612	173,186	
16			名取孝之	214,729	164,991	
17						

2 「1」「2」と入力したセルを選択し、フィルハンドルにマウスポインターを合わせる

	A	B	C	D	E	
11						
12		ID	氏名	1Q	2Q	
13		1	山西 佐紀	252,477	180,600	
14		2	大村 尚雪	110,888	111,645	
15		3	千丸 健	227,612	173,186	
16		4	名取孝之	214,729	164,991	
17						

3

下方向にドラッグ

連番が入力された

「1、3」のように1つ飛ばした数値は「1、3、5、7……」となります。

● オートフィルで日付と曜日のデータを入力する

	A	B	
1	日付	曜日	予定
2	5/13	木	
3			
4			
5			

1

日付と曜日が入力されたセルを選択し、フィルハンドルにマウスポインターを合わせる

	A	B	
1	日付	曜日	予定
2	5/13	木	
3	5/14	金	
4	5/15	土	
5	5/16	日	
6	5/17	月	
7	5/18	火	
8			

2

下方向にドラッグ

「5/13」を起点に、連番で日付と曜日データを入力できた

理解を深めるHINT 🔍　　　　　　　　　　☰

オートフィルの仕組みを知ってもっと使いこなそう

オートフィルは、コピーしたセルを連続した範囲にペーストする機能です。ここまで見てきたように、セルに数式が入力されていれば、自動的に参照先をずらしながらペーストできます。また、連続した数値が入力されていれば、ペーストするデータも自動的に連続した数値になり、日付や曜日も連続したデータであると自動的に認識されます。
オートフィルを使いこなすことで、作業スピードが上がるほか、入力ミスを防げるというメリットもあります。

05

相対参照／
絶対参照

セル参照を利用して
数式を使い回そう

▶ セル参照とは？

　スプレッドシートを使いこなすために必要不可欠なのが、セル参照です。セル参照とは、あるデータを使いたい場合に、そのデータが入力されたセル番号を指定することです。

　たとえば下の例ではセルF3に税込価格を求める数式が入力されていますが、数式内で税抜価格（セルD3）と消費税率（セルE3）が入力されたセルを参照しています。こうしておけば、価格や消費税率が変わった場合、セルに入力された値を変更するだけで自動的に計算しなおされます。

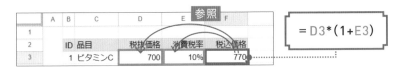

$$= D3*(1+E3)$$

● セルをコピーすると参照先も自動的に移動する「相対参照」

　セルF3を、1つ下のセルF4にコピーすると、セルF4の税込価格もそれに合わせて計算されます。これはコピーした方向に応じて、数式内で参照しているセルも移動しているためです。このように、コピーした方向に参照先が移動する参照方式を「相対参照」といいます。

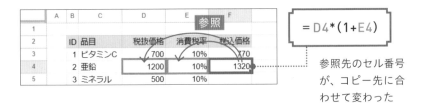

$$= D4*(1+E4)$$

参照先のセル番号が、コピー先に合わせて変わった

POINT :

1　相対参照は、コピー先によって参照
するセルが変わる

2　絶対参照は、コピーをしても参照す
るセルが変わらない

3　絶対参照を使うときは固定したい
セルの列と行を $ で挟む

MOVIE :

https://dekiru.net/ytgs_105

● 参照先を固定する「絶対参照」

たとえば下の例のように、消費税率がセルE2だけに入力されている場合、常にそのセルを参照しながら数式をコピーすることになります。このように参照先を固定する参照方式を「絶対参照」といいます。絶対参照にするには、セル番号に「$」を付けます。

下方向にコピーしても、常にセルE2を参照させたい

● 絶対参照でセルを参照する

1

セルE5に「=D5*(1+E2」と入力

2

F4 キーを押す

「E2」が「$E$2」になった

3

数式の最後に「)」を入力して Enter キーを押す

CHAPTER 1

「インプット」の速度を上げる

037

税込価格が計算された

数式バーに「＝D5*(1+$E$2)」と表示されている

4

フィルハンドルをセルE9までドラッグ

セルE9まで税込価格が表示された

E5	fx	=D5*(1+$E$2)			

	A	B	C	D	E	F
1						
2			消費税率		10%	
3						
4		ID	品目	税抜価格	税込価格	
5		1	ビタミンC	700	770	
6		2	亜鉛	1200		
7		3	ミネラル	500		
8		4	DHA	800		
9		5	EPA	900		
10						

E9	fx	=D9*(1+$E$2)			

	A	B	C	D	E	F
1						
2			消費税率		10%	
3						
4		ID	品目	税抜価格	税込価格	
5		1	ビタミンC	700	770	
6		2	亜鉛	1200	1320	
7		3	ミネラル	500	550	
8		4	DHA	800	880	
9		5	EPA	900	990	
10						

● 数式を確認しよう

［表示］メニューの［数式を表示］をクリックすると、下図のように数式が表示されます。これを見ると、税抜価格のセルはコピーした方向に移動しているのに、消費税率のセルE2は固定していることがわかります。

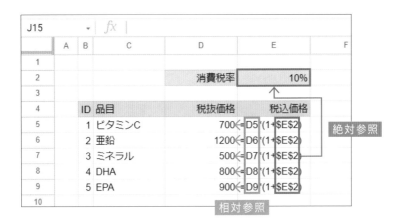

▶ 相対参照を絶対参照に切り替える

相対参照と絶対参照を切り替えるには、数式の入力中に F4 キーを押します。F4 キーを押すごとに、参照方式が切り替わります。

[F4 キーを押して参照方法を切り替える（図表1-06）]

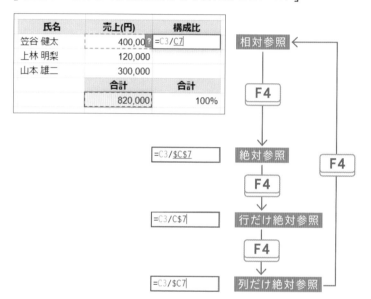

CHECK!

このとき、参照方式が切り替わるのはカーソルが表示されているセルのみです。この例だと、「C7」のうしろにカーソルが表示されているため、F4 キーを押すとセルC7のほうが切り替わるというわけです。

絶対参照はこれまで見てきたように、特定のセルを複数の数式で参照したい場合に使います。売上全体への貢献度を表す構成比や、消費税率や割引率など、1つのセルに入力してある料率をいろいろな商品に適用したい場合によく用いられます。

06

形式を選択して
貼り付け

形式を選択して
貼り付けをマスターしよう

▶ 「形式」とは

　セルは、データをさまざまな形式で表示しています。たとえば実際は数式が入力されていても、セルには計算結果の値が表示されます。数式を「値」という形式で表示しているというわけです。セルの文字を太くしたり、塗りつぶしたりといったこともセルの形式を変えて表示しているということです。

[**さまざまな形式がセルに貼り付いているイメージ**（図表1-07）]

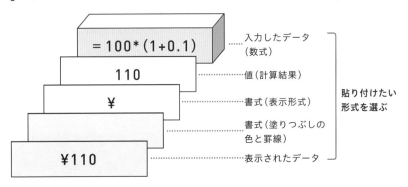

= 100 * (1+0.1) …… 入力したデータ（数式）
110 …… 値（計算結果）
¥ …… 書式（表示形式）
…… 書式（塗りつぶしの色と罫線）
¥110 …… 表示されたデータ

貼り付けたい形式を選ぶ

● データと形式を別々にコピーできる

　スプレッドシートでは、セルの形式だけをコピーしてほかのセルに貼り付けることができます。この機能をスプレッドシートでは「特殊貼り付け」といいますが、ここでは意味を伝わりやすくするため「形式を選択して貼り付け」と呼ぶことにします。具体的な例をみていきましょう。

POINT :

1 セルのデータを立体的なものとしてとらえる

2 数式を数値データとして扱いたいときは「値のみ貼り付け」

3 塗りつぶしや太字といった形式をコピーしたいときは「書式のみ貼り付け」

MOVIE :

https://dekiru.net/ytgs_106

▶ 数式なしで、計算結果だけを貼り付ける

　書類を作成していると、計算結果の値だけを貼り付けたいというケースが出てきます。たとえば昨年度の売上合計を今年度の表に貼り付けるとき、下の例のようにふつうにコピー＆ペーストすると数式ごと貼り付いて参照先が変わるため、計算結果が異なってしまいます（→絶対参照と相対参照のレッスン参照）。こういう場合は、次ページのように「計算結果の値だけを貼り付ける」ことで解決します。

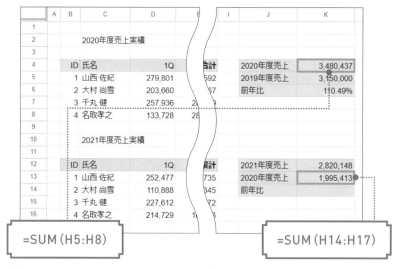

同じ2020年度の売上を表示したいのに、数式ごとコピーすると参照先が変わるため結果が変わってしまう

⦿ 計算結果のみを貼り付ける「値のみ貼り付け」

計算結果のみを貼り付けたい場合は、貼り付けた直後に表示される［書式の貼り付け］から［値のみ貼り付け］を選択します。

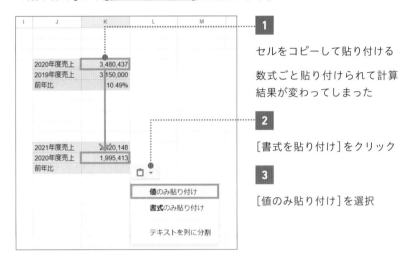

1

セルをコピーして貼り付ける

数式ごと貼り付けられて計算結果が変わってしまった

2

［書式を貼り付け］をクリック

3

［値のみ貼り付け］を選択

値だけが貼り付けられ、意図した結果になった

▶ 書式だけを貼り付ける「書式のみ貼り付け」

「書式」とは、セルに設定された色などの装飾やフォントの種類、表示形式のことです。たとえばある表に設定されているデザインをほかの表にも適用したい場合、書式だけをコピーして貼り付けることで、表に入力されたデータはそのままで、デザインだけを変えることができます。

上の表の書式を下の表にも適用したい

2020年度売上実績

	ID	氏名	1Q	2Q	3Q	4Q	合計		2020年度売上	3,480,437
	1	山西 佐紀	279,801	241,420	136,882	259,489	917,592		2019年度売上	3,150,000
	2	大村 尚雪	203,660	153,590	143,033	176,984	677,267		前年比	110.49%
	3	千丸 健	257,936	289,552	198,263	187,658	933,409			
	4	名取 孝之	133,728	283,166	294,419	240,856	952,169			

2021年度売上実績

	ID	氏名	1Q	2Q	3Q	4Q	合計		2020年度売上	3,480,437
	1	山西 佐紀	279,801	241,420	136,882	259,489	917,592		2019年度売上	3,150,000
	2	大村 尚雪	203,660	153,590	143,033	176,984	677,267		前年比	110.49%
	3	千丸 健	257,936	289,552	198,263	187,658	933,409			
	4	名取 孝之	133,728	283,166	294,419	240,856	952,169			

値のみ貼り付け

書式のみ貼り付け

テキストを列に分割

上の表全体をコピーして下の表に貼り付ける。すると書式だけでなく数字も含めて全体が置き換わってしまうが、このときに［書式のみ貼り付け］を選択する

書式だけが貼り付けられた

2020年度売上実績

	ID	氏名	1Q	2Q	3Q	4Q	合計		2020年度売上	3,480,437
	1	山西 佐紀	279,801	241,420	136,882	259,489	917,592		2019年度売上	3,150,000
	2	大村 尚雪	203,660	153,590	143,033	176,984	677,267		前年比	110.49%
	3	千丸 健	257,936	289,552	198,263	187,658	933,409			
	4	名取 孝之	133,728	283,166	294,419	240,856	952,169			

2021年度売上実績

	ID	氏名	1Q	2Q	3Q	4Q	累計		2021年度売上	2,820,148
	1	山西 佐紀	252,477	180,600	169,341	222,317	824,735		2020年度売上	3,480,437
	2	大村 尚雪	110,888	111,645	171,617	263,195	657,345		前年比	
	3	千丸 健	227,612	173,186	129,186	108,288	638,272			
	4	名取 孝之	214,729	164,991	152,647	167,429	699,796			

書式のみ貼り付けのショートカットキーは Ctrl + Alt + V （Mac の場合は ⌘ + Option + V ）です。

▶ Excelの［形式を選択して貼り付け］との違いは？

Excelでは Ctrl + Alt + V （Macの場合は ⌘ + Option + V ）キーを押すと［形式を選択して貼り付け］ダイアログボックスが表示されます。スプレッドシートでは、［編集］メニューの［特殊貼り付け］から貼り付けの形式を選択できます。列幅や罫線だけを貼り付けたい場合はここから操作しましょう。

「データベース」の概念を理解しよう

こんな表を作ってはダメ！

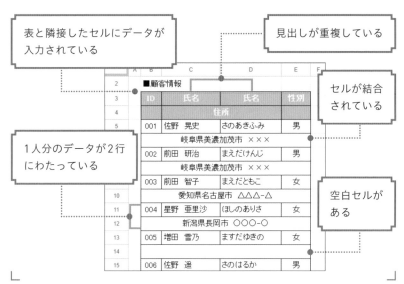

表と隣接したセルにデータが入力されている

見出しが重複している

セルが結合されている

1人分のデータが2行にわたっている

空白セルがある

	A	B	C	D	E	F
2		■顧客情報				
3		ID	氏名	氏名	性別	
4			住所			
5		001	佐野　晃史	さのあきふみ	男	
			岐阜県美濃加茂市　×××			
	002		前田　研治	まえだけんじ	男	
			岐阜県美濃加茂市　×××			
	003		前田　智子	まえだともこ	女	
10			愛知県名古屋市　△△△-△			
11		004	星野　亜里沙	ほしのありさ	女	
12			新潟県長岡市　○○○-○			
13		005	増田　雪乃	ますだゆきの	女	
14						
15		006	佐野　遥	さのはるか	男	

▶ 検索や抽出がしやすいきれいな表を作る

データベースとは特定のデータの集合体のことです。入力の段階で上のような表を作ってしまうと、スプレッドシートの大きな利点の1つ「データの絞り込み機能（フィルタ）」がうまく動作しなくなってしまいます。特にビジネスの場面では、データベース化が重要な役割を果たします。表をデータベース化し、膨大なデータをきちんと管理することで、必要なデータを検索・抽出でき、ビジネスチャンスを広げることができます。

POINT :

1 | データを検索・抽出しやすいよう、
整理する

2 | 1行につき1件のデータを入力する

3 | セル結合、見出し語の重複などの
NGパターンに注意する

MOVIE :

https://dekiru.net/ytgs_107

▶ 1行に1件、1つのセルに1つのデータの原則

	ID	姓	名	ふりがな	性別	住所
				■顧客情報		
4	001	大島	樹	おおしまたつき	男	東京都文京区 ○○○-○
5	002	前田	研治	まえだけんじ	男	岐阜県美濃加茂市 ×××
6	003	前田	智子	まえだともこ	女	愛知県名古屋市 △△△-△
7	004	中田	敏子	なかたとしこ	女	新潟県長岡市 ○○○-○
8	005	増田	雪乃	ますだゆきの	女	東京都八王子市 ×××-××
9	006	中田	章	なかたあきら	男	静岡県清水市 △△△-△
10	007	矢部	丈史	やべたけし	男	静岡県富士宮市 ×-×
11	008	宮崎	洋平	みやざきようへい	男	東京都千代田区 ○○
12	009	矢島	康人	やじまやすと	男	福井県福井市 △△△-△
13	010	太田川	美奈	おおたがわみな	女	大阪府吹田市 □□□
14	011	増田	宏	ますだひろし	男	兵庫県神戸市 ○○○-○
15	012	渡井	優香	わたいゆか	女	北海道札幌市 ×××-×
16	013	増井	和子	ますいかずこ	女	福島県郡山市 △△△-△
17	014	古川	大輔	ふるかわだいすけ	男	大阪府南 □□□-□
18	015	中山	数	なかやまあつし	男	静岡県富士市 ○×△

データベースにはルールがあります。名簿であれば1人の情報を1行に入力し、さらに名前やふりがな、性別といったデータの種類ごとにセルを分けるというのが大原則です。また、表の周りは空白行と空白列で囲みます。こうすることで、スプレッドシートが「この範囲がデータベースなんだな」と認識できるようになります。ほかにも「見出しを重複させない」「セルを結合しない」「表の途中に空白セルを入れない」といったルールがあります。

データベース形式の表を選択するショートカットは Ctrl + Shift + ((Windows)、または ⌘ + Shift + * (Mac)です。上の原則が守られていれば、このショートカットキーで表全体が選択できます。

CHAPTER 1

「インプット」の速度を上げる

08

CSVファイル／
区切り位置

CSVファイルを読み込んで
セルに分割しよう

▶ テキストファイルをスプレッドシートに読み込む

　データベースソフトで作成したファイルなど、外部のソフトウェアで作成されたデータをスプレッドシートで扱いたい場合もあるでしょう。その場合は、データをテキストファイルにしてからスプレッドシートに読み込む必要があります。ここではデータがカンマで区切られたCSV形式のテキストファイルをスプレッドシートに読み込む手順を解説します。

● CSV形式のテキストファイルをスプレッドシートに貼り付ける

　テキストファイルの内容を確認するためにテキストエディタで開いたら、そのまま内容をコピーしてスプレッドシートに貼り付けられます。

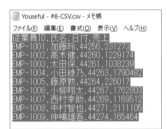

1

CSVファイルを開いて Ctrl（ ⌘ ）+ A キーを押してすべてを選択し、 Ctrl（ ⌘ ）+ C キーを押してコピーする

2

スプレッドシートを開き、 Ctrl（ ⌘ ）+ V キーを押して貼り付ける

108_CSV_区切り
前シートはこの状
態になっています。

POINT :

1 | スプレッドシートではCSVファイル を読み込める

2 | カンマで区切られたテキストファイ ルをCSVと呼ぶ

3 | CSVは区切り位置でセルに分割で きる

MOVIE :

https://dekiru.net/ytgs_108

● カンマの位置でデータを分割する

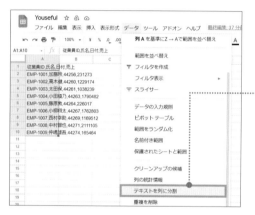

1

データが入力されたセルを 選択

2

[データ]メニューの[テキ ストを列に分割]をクリック

カンマの位置でデータが 分割された

CHECK!

カンマやスペースは「区切り 文字」とされ、この文字で区 切られた部分が1つのデータ と判断されます。スプレッド シートでは、これらの文字の 位置で自動的にセルに分割し ています。

CHAPTER 1

「インプット」の速度を上げる

[自動的に検出]をクリックすると、カンマ以外 の区切り文字で分割しなおせます。

▶ CSVデータを直接スプレッドシートで開くには

　前ページではCSVファイルの中身をコピーして貼り付けましたが、CSVファイルはスプレッドシートで直接読み込むこともできます。ここでは例としてPCに保存してあるCSVファイルを読み込んでみましょう。

1 [ファイル]メニューの[インポート]をクリック

2 [ファイルをインポート]ダイアログボックスで[アップロード]をクリック

3 CSVファイルをこの画面にドラッグする

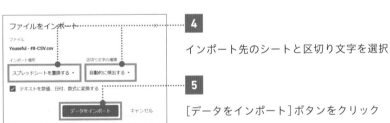

4 インポート先のシートと区切り文字を選択

5 [データをインポート]ボタンをクリック

CSVファイルを読み込めた

	A	B	C	D
1	従業員ID	氏名	日付	売上
2	EMP-1001	加藤玲	44256	231273
3	EMP-1002	髙木健	44260	1229174
4	EMP-1003	太田保	44261	1038239
5	EMP-1004	小田睦乃	44263	1790482
6	EMP-1005	藤原教	44264	226017
7	EMP-1006	小柳翔太	44267	1762803
8	EMP-1007	西村幸助	44269	1169512
9	EMP-1008	中村智也	44271	2111105
10	EMP-1009	仲嶋雄吾	44274	165464
11				

CHECK!

Googleドライブに保存してあるファイルは、2の画面で[マイドライブ]から選択できます。

● CSV以外の形式を開くには

　スプレッドシートにインポートできる形式は、カンマで区切られたCSV形式以外にもあります。

[インポート時に選べる形式（図表1-08）]

カンマ（CSV形式）	カンマ区切り形式のファイル。拡張子は「.csv」
タブ（TSV形式）	タブ区切り形式のファイル。拡張子は「.tsv」
タブ（TAB形式）	タブ区切り形式のファイル。拡張子は「.tab」
カスタム	スペースやセミコロンなど、任意の区切り文字を指定できる

[カスタム形式を指定する]

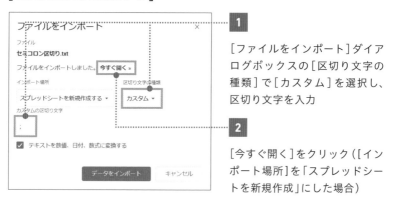

1

　[ファイルをインポート]ダイアログボックスの[区切り文字の種類]で[カスタム]を選択し、区切り文字を入力

2

　[今すぐ開く]をクリック（[インポート場所]を「スプレッドシートを新規作成」にした場合）

　図表1-08に挙げた形式のファイルを選択して[データのインポート]ボタンをクリックしても開かない場合は、[今すぐ開く]をクリックしましょう。

理解を深めるHINT 🔍 　　　　　　　　　　　≡

数値をデータではなく文字列として入力する

　[テキストを数値、日付、数式に変更する]にチェックを入れずにCSVデータをインポートすると、数字の前に「'（シングルクォーテーション）」がついた文字列として入力され、数値も左詰めで表示されます。

09

検索と置換

すばやく確実にデータを
修正しよう

間違いに気づいた！まとめて修正したい

IDのENPをEMPに
直したい

空白のセルに0を
入力したい

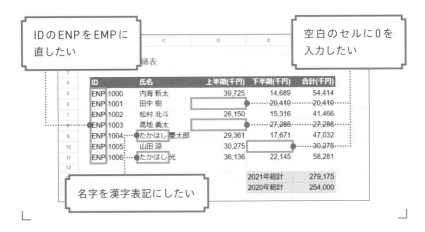

名字を漢字表記にしたい

ID	氏名	上半期(千円)	下半期(千円)	合計(千円)
ENP-1000	内海 新太	39,725	14,689	54,414
ENP-1001	田中 樹		20,419	20,419
ENP-1002	松村 北斗	26,150	15,316	41,466
ENP-1003	高地 勇太		27,288	27,288
ENP-1004	たかはし 慶太郎	29,361	17,671	47,032
ENP-1005	山田 涼	30,275		30,275
ENP-1006	たかはし 光	36,136	22,145	58,281

	2021年総計	279,175
	2020年総計	254,000

▶ 検索と置換を使えば効率よくデータを修正できる

文字列や数値を検索して別のデータに置き換えることを「検索と置換」と
いいます。たとえば上の表では、IDの「ENP」はEmployeeの略なので「EMP」
と正しく入力し直す必要があります。また、空白セルには「0」を入力してデー
タベースとしての要件を満たしたいところです。しかし小さな表ならともか
く、大量のデータから誤字や脱字、表記ゆれを探すのは大変ですし、手作業で
は修正漏れや新たな誤字も発生しかねません。

「検索と置換」機能を使えば、目星をつけたワードを一気に探して、そのま
ま正しいワードに置換できます。修正の手間を大幅に省くことができる便
利な機能なので、ぜひここでマスターしておきましょう。

1 検索と置換機能を理解すれば効率よくデータを修正できる

2 誤字や脱字をまとめて修正

3 空白セルに一気に数字や文字を入力する

https://dekiru.net/ytgs_109

● 特定の文字を置換する

	A	B	C	D	E	F
1						
2		2021年売上実績表				
3						
4	**ID**	**氏名**		**上半期(千円)**	**下半期(千円)**	**合計(千円)**
5	ENP-1000	内海 新太		39,725	14,689	54,414
6	ENP-1001	田中 樹			20,419	20,419
7	ENP-1002	松村 北斗		26,150	15,316	41,466
8	ENP-1003	高地 勇太			27,288	27,288
9	ENP-1004	たかはし 慶太郎		29,361	17,671	47,032
10	ENP-1005	山田 涼		30,275		30,275
11	ENP-1006	たかはし 光		36,136	22,145	58,281
12						

1

表内のセルを選択して、Ctrl + H（Macの場合は ⌘ + Shift + H）キーを押す

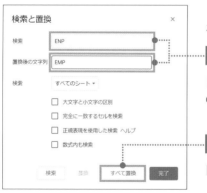

[検索と置換]ダイアログボックスが表示された

2

[検索]に「ENP」、[置換後の文字列]に「EMP」と入力

3

[すべて置換]をクリック

すべての「ENP」が「EMP」に置換された

	A	B	C	D	E	F
1						
2		2021年売上実績表				
3						
4	**ID**	**氏名**		**上半期(千円)**	**下半期(千円)**	**合計(千円)**
5	EMP-1000	内海 新太		39,725	14,689	54,414
6	EMP-1001	田中 樹			20,419	20,419
7	EMP-1002	松村 北斗		26,150	15,316	41,466
8	EMP-1003	高地 勇太			27,288	27,288
9	EMP-1004	たかはし 慶太郎		29,361	17,671	47,032
10	EMP-1005	山田 涼		30,275		30,275
11	EMP-1006	たかはし 光		36,136	22,145	58,281
12						

CHAPTER 1

「インプット」の速度を上げる

● 空白セルに一括入力する

空白セルにデータを入力する場合も[検索と置換]を使います。ここでは空白セルに「0」と入力してみましょう。

1

空白セルが含まれる範囲を選択

2

[Ctrl]+[H]（Macの場合は[⌘]+[Shift]+[H]）キーを押す

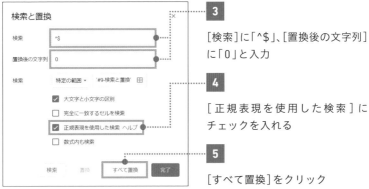

3

[検索]に「^$」、[置換後の文字列]に「0」と入力

4

[正規表現を使用した検索]にチェックを入れる

5

[すべて置換]をクリック

[大文字と小文字の区別]にも自動的にチェックが入りますがここでは気にしなくてOKです。

空白セルが「0」に置き換えられた

[検索と置換]ダイアログボックスは[編集]タブ→[検索と置換]でも表示できます。

● 正規表現と^$の意味

［検索］に入力した「^$」は空白を意味する記号です。「^」は文字列の先頭を表し、「$」は末尾を表すため、「^$」と入力することで空白を表せます。

これらの記号は「正規表現」といって、ある文字列を表すための文字列です。［検索と置換］ダイアログボックスで［正規表現を使用した検索］にチェックを入れると、正規表現を使えるようになります。

▶ Excelでは正規表現を使わずに空白セルを検索できる

Excelでは、ジャンプ機能を使って空白セルを検索できます。複数の空白セルを一度に選択することも可能です。

[Excelのジャンプ機能]

Excelでは Ctrl + G（Macの場合は ⌘ + G）キーを押すと［ジャンプ］ダイアログボックスが表示される

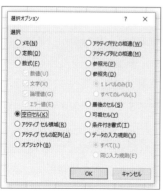

［ジャンプ］ダイアログボックスで［セル選択］ボタンをクリックすると［選択オプション］が表示され、ここから選択したい要素を指定できる

10

**TRIM／
SUBSTITUTE**

関数を使ってデータの
表記を整える

氏名欄の表記を統一したい！

氏名の前後にある無駄な
余白を取り除きたい

苗字と名前の間のスペース
を半角で統一したい

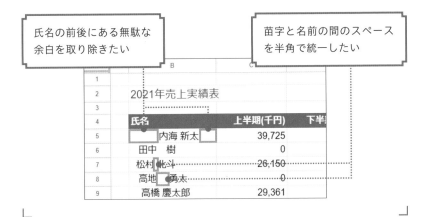

▶ データを整えることの重要性

　「名前の前後に無駄な余白が入っている」「半角と全角の記号が入り混じっている」など、表記が統一されていないデータでは、正しい分析ができないことがあります。ビジネスの場面において、美しく整ったデータを作るということは大変重要なのです。たとえば上のような表の場合、スペースの有無で並べ替えがうまくできないといった不具合が生じます。効率のよい入力方法だけでなく、データの整え方も学んでいきましょう。

　ここではデータを整えたい場合に役立つTRIM関数とSUBSTITUTE関数を紹介します。この関数を使えば、苗字と名前の間のスペースを半角に統一し、それ以外の不要な余白はすべて削除するということも簡単にできます。

POINT :

1 | 正しく分析するためにデータを整える

2 | 余分な全角スペースはTRIM関数で削除できる

3 | 苗字と名前の間の空白を揃えるにはSUBSTITUTE関数を使う

MOVIE :

https://dekiru.net/ytgs_110

▶ 関数とは何か

関数とは「ある処理をするためにあらかじめ用意されている数式」のことです。関数を使うことで表記の統一や複雑な計算が簡単にできるようになります。

たとえば左ページの表で、各担当者ごとの売上の平均値を出したい場合、関数を使わないと「=(E5+E6+E7+E8+E9+E10+E11)/7」とセルE5からセルE11までを全部足して、人数で割るという数式を入力する必要がありますが、関数を使えば「=AVERAGE(E5:E11)」と入力するだけで済むのです。この「=」に続く部分を「関数名」、関数名に続く()で囲まれた部分を「引数」といいます。引数とは、関数が処理する対象のことです。ここにはセル参照や数式、文字列などが入ります。引数が2個以上ある場合には、半角のカンマで区切って指定します。

[関数の書式]

> ### =関数名(引数1,引数2……)
>
> ・半角英数字で入力する
>
> ・「=」に続けて関数名を入力する
>
> ・引数は必ず「( )」で囲む
>
> ・引数を複数指定する場合は、「,」で区切る
>
> ・引数に文字列を直接入力する場合は「"」で囲む(セル参照では不要)

CHAPTER 1

「インプット」の速度を上げる

● 氏名の前後の余計なスペースを削除したい

余計なスペースを削除する

TRIM（文字列）

指定した［文字列］の先頭と末尾の余白を削除する。

〈 数式の入力例 〉

= TRIM（<u>C5</u>）
❶

〈 引数の役割 〉

❶ 文字列
内海新太（セルC5）

セルC5にある余計なスペースを削除します。

● 氏名欄の不要な余白を削除する

現在氏名が入力されている列の左の列にTRIM関数を入力して、不要なスペースを除いた氏名を表示していきます。

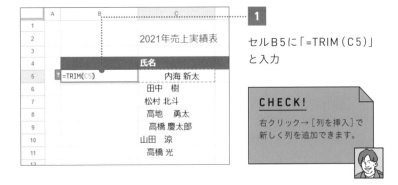

1

セルB5に「=TRIM（C5）」
と入力

CHECK!

右クリック→［列を挿入］で
新しく列を追加できます。

2

セルを下までコピー

氏名の前後の不要なスペース
が削除できた

> 苗字と名前の間の空白は必要な空白とスプ
> レッドシートが理解し、残してくれています。
> この部分の統一は次のステップで行います。

● 苗字と名前の間のスペースを半角で統一したい

指定した文字を検索置換する

サブスティチュート
SUBSTITUTE(文字列,検索文字列,置換文字列)

指定した[文字列]にある[検索文字列]を[置換文字列]に置き換
える。

〈 数式の入力例 〉

= SUBSTITUTE (C5," "," ")
❶ ❷ ❸

〈 引数の役割 〉

❶ 文字列
セルC5に入力された文字列

❷ 検索文字列
「　」(全角スペース)

❸ 置換文字列
「 」(半角スペース)

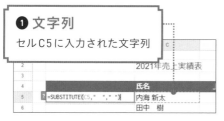

セルC5に全角スペースがあれば半角スペースに置換します。

● 苗字と名前の間のスペースを揃える

　今回の表には、氏名の前後に余計な空白が含まれているのに加えて、苗字と名前の間の空白が全角と半角で統一されていません。全角を半角に置き換える場合は、検索と置換を行いますが、同様にSUBSTITUTE関数を使うことでも行えます。ここでは、SUBSTITUTE関数とTRIM関数を組み合わせて、氏名の前後の空白を削除して、全角の空白をすべて半角に置き換えるという処理を一度に行ってみましょう。

=SUBSTITUTE(TRIM(C5)," "," ")

　上の数式ではSUBSTITUTE関数の引数［文字列］に、TRIM関数で余計なスペースを削除したセルC5を指定しています。このように関数の引数に関数を入れ込むことを関数の「ネスト」（入れ子）といいます。よく使うテクニックなので覚えておきましょう。

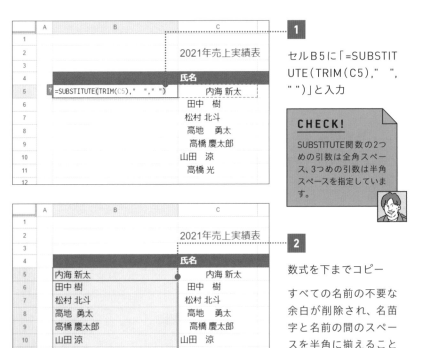

1

セルB5に「=SUBSTITUTE(TRIM(C5)," "," ")」と入力

CHECK!

SUBSTITUTE関数の2つめの引数は全角スペース、3つめの引数は半角スペースを指定しています。

2

数式を下までコピー

すべての名前の不要な余白が削除され、名苗字と名前の間のスペースを半角に揃えることができた

058

● 元のセルを削除する

表記を統一できたら、元の列を削除して表を完成させましょう。元の列をいきなり削除してしまうと参照先がなくなってしまいエラーになるため、関数を入力したセルをコピーして値のみ貼り付けます。

1

表記を統一したセルをコピーする

2

氏名のセルを選択して、Ctrl + Shift + V（Macの場合は ⌘ + Shift + V）キーを押す

値のみ貼り付けられた

	A	B	C	D
1				
2		2021年売上実績表		
3				
4		**氏名**	**上半期(千円)**	**下半期(千円)**
5		内海 新太	39,725	14,689
6		田中 樹	0	20,419
7		松村 北斗	26,150	15,316
8		高地 勇太	0	27,288
9		高橋 慶太郎	29,361	17,671
10		山田 涼	30,275	0
11		高橋 光	36,136	22,145
12				

3

元の列を削除する

CHECK!

列を削除するには、列を選択し、Ctrl+−（Macの場合は ⌘+−）キーを押します。

辞書登録は最強のPC時短術!

　第1章は、効率よくインプットを行うことでミスを減らし、作業効率を高めようというテーマで進めてきました。その中でスプレッドシートに限らず、PC操作全体の効率を高めるための最強機能が「辞書登録」です。長い単語を毎回入力したり、なかなか正しい漢字変換を見つけられなかったりすることに面倒さを感じることがよくありませんか？ この辞書登録を活用することにより、よく使う単語を最低限のタイプで入力できるようになるので、時短という文脈で中長期的に大きな力を発揮します。

　たとえば、今あなたはご自身のメールアドレスを毎回5秒かけて手入力しており、大体1日に平均して10回打つ機会があるとしましょう。対して「@」と打つだけでメールアドレスを出せるように辞書登録を設定しておけば、1回の入力時間を1秒にでき、通常の手入力と比べて4秒の時短ができる計算になります。

　「たった4秒じゃん」と侮ることなかれ！1年間この習慣を継続すると、4秒（短縮した時間）×10（1日の利用回数）×365（1年の日数）＝ 14,600秒、つまり年間約4時間の時短を実現できるようになります！ 手入力ではタイプミスなどが起こることを併せて考慮すると、それ以上の効果がありそうです。この「浮いた時間」をスキル習得などほかの時間に充てることができれば、皆さんの活躍の幅はさらに広がります。辞書登録の方法は非常にシンプルです。

Windows
［IMEアイコン］（画面右下の「A」や「あ」のアイコン）を右クリック→［単語の追加］（単語の登録）

Mac
［システム環境設定］→［キーボード］→［ユーザー辞書］→［左下のプラスボタン］

「アウトプット」の
無駄をなくす

関数を使って
アウトプットを加速させよう

▶ 関数を使ってできることを知ろう

第1章の最後で関数を使ったテクニックを紹介しましたが、スプレッドシートにはほかにも数多くの関数が用意されています。関数を活用することでインプットしたデータを加工・集計することができ、さらに関数を組み合わせれば複数の操作を1つの数式で行うことも可能です。

データを価値ある情報として活用するために、ここからは関数を使ったアウトプットの方法を学びましょう。第2章では関数を使って次のようなアウトプットを行います。

● 条件によって処理を変える　→64ページ

	A	B	C	D	E	F	G	H
2		生徒名	試験日	A	B	C	合計	評価
3		大島 雄太郎	2021/1/15	30	87	41	158	不合格
4		前田 研治	2021/1/15	63	87	86	236	合格
5		前田 智子	2021/1/15	76	49	71	196	不合格
6		中田 敏子	2021/1/15	87	94	58	239	合格
7		増田 雪乃	2021/1/15	38	64	78	180	不合格
8		中田 章	2021/1/15	58	75	67	200	合格
9		矢部 剛史	2021/1/15	85	16	29	130	不合格
10		宮崎 洋平	2021/1/15	47	88	98	233	合格

IF関数

● 条件が満たされているかを調べる　→68ページ

	A	B	C	D	E
4		会員No.	A弁当	B弁当	特典
5		F-4344	○		TRUE
6		H-6577		○	FALSE
7		E-7454	○		FALSE
8		Y-3331		○	FALSE
9		A-2223	○		FALSE
10		F-7676	○		FALSE
11		P-1546			FALSE
12		K-6745	○		TRUE
13		R-3435			FALSE
14		Q-9		○	FALSE

AND関数

	A	B	C	D	E
4		会員No.	A弁当	B弁当	特典
5		F-4344	○	○	TRUE
6		H-6577		○	TRUE
7		E-7454	○		TRUE
8		Y-3331		○	TRUE
9		A-2223	○		TRUE
10		F-7676	○		TRUE
11		P-1546			FALSE
12		K-6745	○	○	TRUE
13		R-3435			FALSE
14		Q-9		○	TRUE

OR関数

POINT :

1 インプットしたデータを価値ある情報に変える

2 関数を使って必要なデータを素早く集計・加工する

3 関数は組み合わせることで威力を発揮する

● 条件を満たすセルの個数を調べる　→72ページ

● 条件に応じた範囲の合計を出す　→76ページ

● 指定した桁数で切り捨てる　→80ページ

02

IF

条件によって処理を変える
IF関数を使いこなす

合計点に応じて「合格」「不合格」を判別したい

	A	B	C	D	E	F	G	H
2		生徒名	試験日	A	B	C	合計	評価
3		大島 雄太郎	2021/1/15	30	87	41	158	
4		前田 研治	2021/1/15	63	87	86	236	
5		前田 智子	2021/1/15	76	49	71	196	
6		中田 敏子	2021/1/15	87	94	58	239	
7		増田 雪乃	2021/1/15	38	64	78	180	
8		中田 章	2021/1/15	58	75	67	200	
9		矢部 剛史	2021/1/15	85	16	29	130	
10		宮崎 洋平	2021/1/15	47	88	98	233	

合計点が200点以上か
200点未満かを判別

200点以上なら「合格」、
200点未満なら「不合格」
と表示したい

▶ 条件分岐を理解すれば仕事の幅がぐっと広がる

　「もし○○が××だったら〜をする」という考え方はビジネスの現場ではよ
く用いられています。たとえば「テストの合計点が200点以上なら合格と表
示し、200点未満ならば不合格と表示する」といった処理を行いたいケースで
す。このように条件を満たすかどうかで異なる処理を行うことを「条件分
岐」といい、スプレッドシートではIF関数を使うことで実現します。

　IF関数を使うと、もし条件を満たせば処理A、満たさなければ処理Bを行う
といったように、条件ごとに異なる処理を行えます。上に挙げたテストの判
定以外にも、売り上げ達成や顧客のランク付けなど幅広いシーンで利用でき
るので、ここでマスターしておきましょう。

POINT :

1 条件分岐にはIF関数を使う

2 関数の中の論理式が正しいときと
そうでないときで返す値を変える

3 論理式の組み立てには
「比較演算子」を使う

MOVIE :

https://dekiru.net/ytgs_202

CHAPTER 2

「アウトプット」の無駄をなくす

論理式の真偽によって返す値を変える

IF (論理式, TRUE値, FALSE値)

引数 [論理式] の条件を満たす場合 (真の場合) は引数 [TRUE値] を返し、満たさない場合 (偽の場合) は引数 [FALSE値] を返す。

〈 入力例 〉

= **IF** (G3>=200 , "合格" , "不合格")
       ❶   ❷   ❸

〈 引数の役割 〉

❶ 論理式
セルG3が200以上

条件を満たす →   ← 条件を満たさない

❷ TRUE値
「合格」という文字列を返す

❸ FALSE値
「不合格」という文字列を返す

● 条件分岐に欠かせない論理式と比較演算子

条件を満たした場合と満たさない場合というのは、論理式によって表せます。論理式とは、その結果を真か偽で表せる式のことです。たとえば「C5 > 200」や「SUM (B1:B6) > = 800」 などが論理式です。論理式は、IF関数だけでなくさまざまな関数の引数としてよく使われます。

● 合格・不合格を判定する

実際にIF関数を使ってみましょう。テストの合計点に応じて合格か不合格かを判定していきます。

> どのような論理式を設定するかによって結果が変わってくるので、基本をしっかりと押さえておくことが大事です。

＝IF（G3＞＝200,"合格","不合格"）

合計点が200点以上であれば（＞＝200）合格、200点未満であれば（＜200）不合格にする

	A	B	C		G	H	I
2		生徒名	試験日		合計	評価	
3		大島 雄太郎	2021/1/15		158	=IF(G3>=200,"合格","不合格")	
4		前田 研治	2021/1/15		236		
5		前田 智子	2021/1/15		196		
6		中田 敏子	2021/1/15		239		
7		増田 雪乃	2021/1/15		180		

1

大島さんの評価欄に上の数式を入力し、Enterキーを押す

	A	B	C		G	H	I
2		生徒名	試験日		合計	評価	
3		大島 雄太郎	2021/1/15		158	不合格	
4		前田 研治	2021/1/15		236		
5		前田 智子	2021/1/15		196		
6		中田 敏子	2021/1/15		239		
7		増田 雪乃	2021/1/15		180		

評価欄に不合格と表示される

	A	B	C		G	H	I
2		生徒名	試験日		合計	評価	
3		大島 雄太郎	2021/1/15		158	不合格	
4		前田 研治	2021/1/15		236	合格	
5		前田 智子	2021/1/15		196	不合格	
6		中田 敏子	2021/1/15		239	合格	
7		増田 雪乃	2021/1/15		180	不合格	
8		中田 章	2021/1/15		200	合格	
9		矢部 剛史	2021/1/15		130	不合格	
10		宮崎 洋平	2021/1/15		233	合格	

2

数式を下までコピー

それぞれの合計点に応じて合格、不合格が入力された

CHECK!

中田章さんの200点が合格になっています。「＞＝200」は200も含んでいるからです。

=IF(G3>200,"合格","不合格")

合計点が200点を超えていれば(>200)合格、200点以下であれば(<=200)不合格にする

	A	B	C		G	H	I
2		生徒名	試験日		合計	評価	
3		大島 雄太郎	2021/1/15		15	=IF(G3>200,"合格","不合格")	
4		前田 研治	2021/1/15		236		
5		前田 智子	2021/1/15		196		
6		中田 敏子	2021/1/15		239		
7		増田 雪乃	2021/1/15		180		

1

大島さんの評価欄に上の数式を入力

2

数式を下までコピー

	A	B	C	D	E	F	G	H	I
2		生徒名	試験日	A	B	C	合計	評価	
3		大島 雄太郎	2021/1/15	30	87	41	158	不合格	
4		前田 研治	2021/1/15	63	87	86	236	合格	
5		前田 智子	2021/1/15	76	49	71	196	不合格	
6		中田 敏子	2021/1/15	87	94	58	239	合格	
7		増田 雪乃	2021/1/15	38	64	78	180	不合格	
8		中田 章	2021/1/15	58	75	67	200	不合格	
9		矢部 剛史	2021/1/15	85	16	29	130	不合格	

それぞれの合計点に応じて合格、不合格が入力された

「>200」は200を含まないので、中田章さんの200点が不合格になった

[「比較演算子」を理解する(図表2-01)]

論理式を作るときに必要不可欠なのが「>」「<」「=」などの比較演算子です。値同士を比較演算子でつなぐことで、下表のような意味になります。基本の6つを押さえておきましょう。

論理式	条件
○○ >= ××	○○が××以上
○○ <= ××	○○が××以下
○○ > ××	○○が××より大きい
○○ < ××	○○が××未満
○○ = ××	○○が××と等しい
○○ <> ××	○○が××と等しくない

「アウトプット」の無駄をなくす

03

AND／OR

AND関数とOR関数を覚えて
IF関数をさらに強力に使う

アンド
AND関数

	A	B	C	D	E
4		会員No.	A弁当	B弁当	特典
5		F-4344	○	○	TRUE
6		H-6577		○	FALSE
7		E-7454	○		FALSE
8		Y-3331		○	FALSE
9		A-2223	○		FALSE
10		F-7676	○		FALSE
11		P-1546			FALSE
12		K-6745	○	○	TRUE
13		R-3435			FALSE
14		Q-9908		○	FALSE
15					

A弁当とB弁当を両方買っている人は TRUE、そうでない人はFALSEと表示する。

オア
OR関数

	A	B	C	D	E
4		会員No.	A弁当	B弁当	特典
5		F-4344	○	○	TRUE
6		H-6577		○	TRUE
7		E-7454	○		TRUE
8		Y-3331		○	TRUE
9		A-2223	○		TRUE
10		F-7676	○		TRUE
11		P-1546			FALSE
12		K-6745	○	○	TRUE
13		R-3435			FALSE
14		Q-9908		○	TRUE
15					

A弁当とB弁当の少なくともどちらか 一方を買っている人はTRUE、どちらも買っていない人はFALSEと表示する。

▶ AND関数とOR関数で複数の条件を表す

　64ページで解説したIF関数は、「もし雨が降れば、傘を持っていく」のように、1つの条件に対して判定を行うものでした。しかし、実際には「もし雨が降り、かつ風が強ければレインコートを着ていく」のように複数の条件を満たすかどうかを判定するケースが多くあります。そういう場合に使うのが、AND関数とOR関数です。

　AND関数は「AかつB」という条件を満たすかどうか、OR関数は「AまたはB」という条件を満たすかどうかを判定します。この2つをしっかり使えるようになると、より複雑な処理を関数だけで行うことができるようになります。ここでは、AND関数とOR関数の基本を学んでから、IF関数との組み合わせ技も見ていきましょう。

1 AND関数とOR関数を使えば論理式を複数設定できる

2 AND関数は「(○○ = ××) かつ (△△ = □□)」

3 OR関数は「(○○ = ××) または (△△ = □□)」

https://dekiru.net/ytgs_203

すべての条件が満たされているかを調べる

AND (論理式1, 論理式2, …)
アンド

すべての論理式を満たす場合 は「TRUE」を返し、どれか1つでも満たさない場合は「FALSE」を返す。

〈 数式の入力例 〉

セルC5とセルD5が両方○かどうかを判定したい。

$$= AND(\underset{❶}{C5="○"}, \underset{❷}{D5="○"})$$

〈 引数の役割 〉

❶ 論理式1	❷ 論理式2
A弁当が○の場合（C5="○"）	B弁当が○の場合（D5="○"）

	A	B	C	D	E	F	G
4		会員No.	A弁当	B弁当	特典		
5		F-4344	○	○	=AND(C5="○",D5="○")		
6		H-6577		○			

ここでも論理式は2つの値を比較演算子でつなぐ形になっています。

● A弁当とB弁当の両方を購入した人を判定する

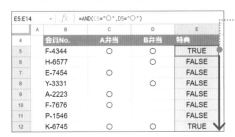

1

セルE5に前ページの数式を入力して下へコピー

両方買っている場合は「TRUE」、どちらか一方しか買っていない場合は「FALSE」と表示された

1つでも条件が満たされているかを調べる

OR（論理式1,論理式2,…）
オ ア

1つでも条件を満たす場合 は「TRUE」を返し、1つも条件を満たさない場合は「FALSE」を返す。

〈 数式の入力例 〉

セルC5とセルD5の少なくとも一方が○かどうかを判定したい。

= OR(C5="○",D5="○")
　　　 ❶　　　　 ❷

〈 引数の役割 〉

❶ 論理式1	❷ 論理式2
A弁当が○の場合（C5="○"）	B弁当が○の場合（D5="○"）

● A弁当とB弁当の少なくともどちらか一方を購入した人を判定する

	A	B	C	D	E
		会員No.	A弁当	B弁当	特典
4					
5		F-4344	○	○	TRUE
6		H-6577		○	TRUE
7		E-7454	○		TRUE
8		Y-3331		○	TRUE
9		A-2223	○		TRUE
10		F-7676	○		TRUE
11		P-1546			FALSE
12		K-6745	○	○	TRUE

E5:E14　=OR(C5="○",D5="○")

1

セルE5に前ページの数式を入力
して下へコピー

1つでも買っている場合は
「TRUE」、どちらも買っていな
い場合は「FALSE」と表示された

▶ IF関数と組み合わせて使ってみよう

　ここまでで、AND関数とOR関数を使うと、複数の条件を設定できること
がわかりました。今度はIF関数を使って、A弁当とB弁当を両方購入した人
には特典をつける、といったふうに条件分岐を設定しましょう。

● A弁当とB弁当の両方を購入したら特典「有」と表示する

= IF (AND (C5="○",D5="○"),"有","")

	A	B	C	D	E
4		会員No.	A弁当	B弁当	特典
5		F-4344	○	○	有
6		H-6577		○	
7		E-7454	○		
8		Y-3331		○	
9		A-2223	○		
10		F-7676	○		
11		P-1546			
12		K-6745	○	○	有

E5:E14　=IF(AND(C5="○",D5="○"),"有","")

1

セルE5に上の数式を入力して下
へコピー

両方買っている場合は「有」と表
示され、どちらか一方しか買っ
ていない場合は空欄になった

● A弁当とB弁当の少なくともどちらか一方を購入したら「有」と表示する

= IF (OR (C5="○",D5="○"),"有","")

E5:E14　=IF(OR(C5="○",D5="○"),"有","")

	A	B	C	D	E
4		会員No.	A弁当	B弁当	特典
5		F-4344	○	○	有
6		H-6577		○	有
7		E-7454	○		有
8		Y-3331		○	有
9		A-2223	○		有
10		F-7676	○		有
11		P-1546			
12		K-6745	○	○	有

1

セルE5に上の数式を入力して下
へコピー

1つでも買っている場合は「有」
と表示され、どちらも買ってい
ない場合は空欄になった

04

COUNTIFS

条件に当てはまる
データの数を一瞬で数える

商品カテゴリごとの売上数を調べたい

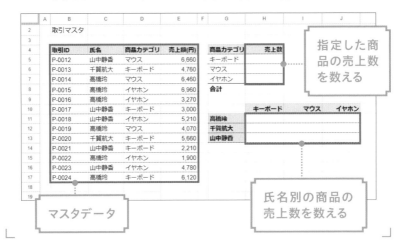

マスタデータ

指定した商品の売上数を数える

氏名別の商品の売上数を数える

▶ その商品カテゴリがどれだけ売れたかを調べる

　上のデータベースには誰が何を売ったのかという取引マスタが記載されていますが、これを見ただけでは各商品カテゴリ、たとえば「キーボード」がどれだけ売れたのかがわかりません。だからといって、「キーボード」と入力されたセルを上から1つずつ数えていくのは大変な手間です。そこで活躍するのがCOUNTIFS関数です。

　COUNTIFS関数を使えば、ある範囲内の「キーボード」と入力されたセルの数を一瞬で表示できます。商品カテゴリや担当者ごとなど、目的に応じて集計しなおすことが可能になるのです。ここでは「商品売上数」や「担当者別の商品売上数」を集計してみましょう。

1 COUNTIFS 関数を使えばセルの個数を数えられる

2 複数の条件があっても数えられる

3 条件を指定する際には参照方法に注意する

https://dekiru.net/ytgs_204

条件を満たすセルの個数を調べる

カウントイフス
COUNTIFS（条件範囲1,条件1,条件範囲2,条件2…）

指定した引数[条件範囲]から引数[条件]を満たすセルの個数を求める。引数[条件範囲]と引数[条件]を1つの条件として、複数の条件を設定できる。

〈 数式の入力例 〉

キーボードの売上数を求めたい。

= COUNTIFS（**$D$5:$D$17**,**G5**）
❶ ❷

〈 引数の役割 〉

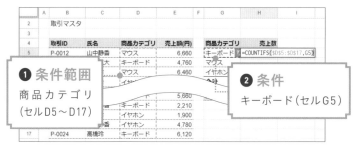

❶ 条件範囲
商品カテゴリ
（セルD5～D17）

❷ 条件
キーボード（セルG5）

ここでは、セルD5からセルD17の条件範囲は変わらないように絶対参照にしましょう。

CHAPTER 2

「アウトプット」の無駄をなくす

◉ 商品カテゴリごとの売上数を調べる

1

セルH5に前のページの数式を入力

2

数式を下へコピー

商品ごとの売り上げ数が表示された

◉ 各商品カテゴリの売上数を氏名ごとに表示する

　今度は、誰が何をいくつ売ったのかを表示してみましょう。「商品カテゴリ」と「氏名」の両方をCOUNTIFS関数の条件範囲として設定します。

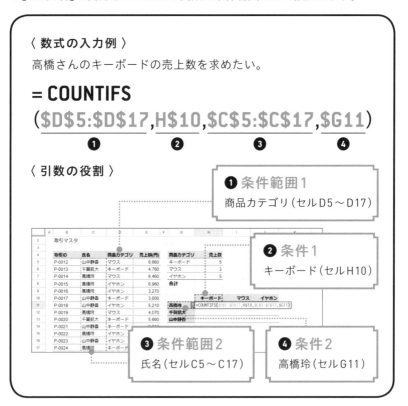

〈 数式の入力例 〉

高橋さんのキーボードの売上数を求めたい。

= COUNTIFS
($D$5:$D$17, H$10, $C$5:$C$17, $G11)
❶　　　　**❷**　　　**❸**　　　　**❹**

〈 引数の役割 〉

❶ 条件範囲1
商品カテゴリ（セルD5～D17）

❷ 条件1
キーボード（セルH10）

❸ 条件範囲2
氏名（セルC5～C17）

❹ 条件2
高橋玲（セルG11）

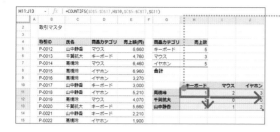

1

セルH11に左ページの
数式を入力

2

数式を縦横両方にコピー

各商品カテゴリの売上数
が氏名ごとに表示された

▶ 複合参照を理解して数式を縦横両方にコピーする

　「商品カテゴリ」「氏名」のような2軸で構成されている表をマトリクス表
といいます。数式を縦横両方にコピーする場合、引数［条件1］［条件2］の部
分の参照方法に注意が必要です。行と列のどちらか一方を固定する参照方法
を「複合参照」といいます。

[列方向（縦）にコピーしたときに、常にある行を参照する（図表2-02）]

→行のみ絶対参照「H$10」

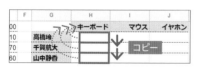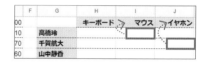

列方向（縦）にコピーしたときに常に10行を参照する。マトリクス内でどこにコ
ピーしても常に10行を参照するが、列は相対的に移動する。

[行方向（横）にコピーしたときに、常にある列を参照する（図表2-03）]

→列のみ絶対参照「$G11」

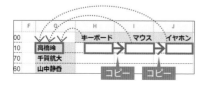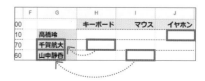

行方向にコピーしたときに常にG列を参照する。マトリクス内でどこにコピーし
ても常にG列を参照するが、行は相対的に移動する。

条件に当てはまる数値の合計を出す

条件に当てはまる数値の合計を求めたい

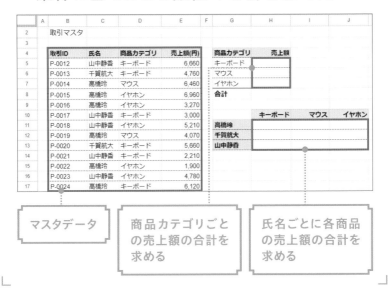

| | マスタデータ | 商品カテゴリごとの売上額の合計を求める | 氏名ごとに各商品の売上額の合計を求める |

▶ その商品カテゴリがいくら売れたかを調べる

　条件に当てはまる数値だけ合計したい場合は、SUMIFS関数を使います。この関数を使うと、「商品カテゴリごとの売り上げ数の合計を知りたい」のように、指定した範囲の中で条件に当てはまる数値だけを合計することができます。「条件に当てはまるものだけ」という点は前回のCOUNTIFS関数と同じです。前回同様、指定する条件の参照方法を意識して学んでいきましょう。

1 数値の集計の場面ではSUMIFS関数を使う

2 指定した範囲の中で条件に当てはまる数値の合計を求められる

3 [合計範囲][条件範囲][条件]の3つを設定する

https://dekiru.net/ytgs_205

CHAPTER 2

「アウトプット」の無駄をなくす

条件に応じた範囲の合計を出す

サムイフス
SUMIFS (合計範囲,条件範囲1,条件1,条件範囲2,条件2,…)

どの数値データを足し算するのかを引数[合計範囲]で指定し、指定した引数[条件範囲]から引数[条件]を満たすセルを探し、引数[合計範囲]からそのセルに対応した数値の合計を出す。

〈 数式の入力例 〉

キーボードの売上額の合計を求めたい。

= SUMIFS($E$5:$E$17,$D$5:$D$17,G5)
         ❶   ❷   ❸

〈 引数の役割 〉

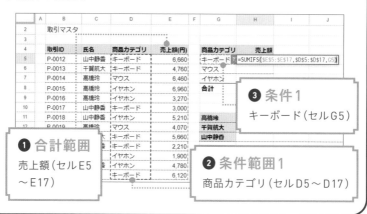

❸ 条件1
キーボード(セルG5)

❶ 合計範囲
売上額(セルE5〜E17)

❷ 条件範囲1
商品カテゴリ(セルD5〜D17)

● 商品カテゴリごとの売上額の合計を出す

H5:H7			*fx*	=SUMIFS($E$5:$E$17,$D$5:$D$17,G5)		

	A	B	C	D	E	F	G	H
2		取引マスタ						
3								
4		取引ID	氏名	商品カテゴリ	売上額(円)		商品カテゴリ	売上額
5		P-0012	山中静香	キーボード	6,660		キーボード	28410
6		P-0013	千賀航大	キーボード	4,760		マウス	10530
7		P-0014	髙橋玲	マウス	6,460		イヤホン	22120
8		P-0015	髙橋玲	イヤホン	6,960		合計	
9		P-0016	髙橋玲	イヤホン	3,270			

1

セルH5に前のページ
の数式を入力して下へ
コピー

キーボード、マウス、イ
ヤホンの売上額の合計
が表示された

● 氏名ごとに各商品の売上額の合計を出す

今度は、誰が何をいくら売ったのかを表示してみましょう。「売上額」を合
計範囲に、「商品カテゴリ」と「氏名」の両方を条件範囲として設定します。

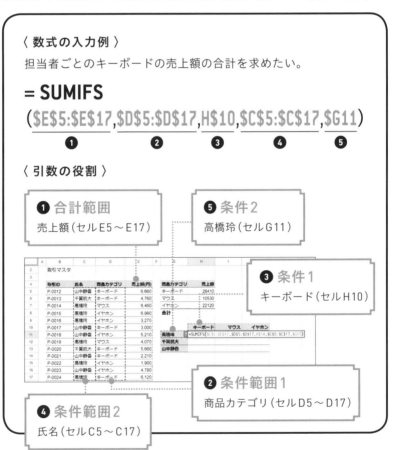

〈 数式の入力例 〉

担当者ごとのキーボードの売上額の合計を求めたい。

= SUMIFS
($E$5:$E$17,$D$5:$D$17,H$10,$C$5:$C$17,$G11)
❶　　　　❷　　　　❸　　　　❹　　　　❺

〈 引数の役割 〉

❶ 合計範囲
売上額(セルE5〜E17)

❺ 条件2
高橋玲(セルG11)

❸ 条件1
キーボード(セルH10)

❷ 条件範囲1
商品カテゴリ(セルD5〜D17)

❹ 条件範囲2
氏名(セルC5〜C17)

	A	B	C	D	E	F	G	H	I	J
2		取引マスタ								
3										
4		取引ID	氏名	商品カテゴリ	売上額(円)		商品カテゴリ	売上額		
5		P-0012	山中静香	キーボード	6,660		キーボード	28410		
6		P-0013	千賀航大	キーボード	4,760		マウス	10530		
7		P-0014	髙橋玲	マウス	6,460		イヤホン	22120		
8		P-0015	髙橋玲	イヤホン	6,960		合計			
9		P-0016	髙橋玲	イヤホン	3,270					
10		P-0017	山中静香	キーボード	3,000			キーボード	マウス	イヤホン
11		P-0018	山中静香	イヤホン	5,210		髙橋玲	6120	10530	
12		P-0019	髙橋玲	マウス	4,070		千賀航大	10420	0	0
13		P-0020	千賀航大	キーボード	5,660		山中静香	11870	0	9990
14		P-0021	山中静香	キーボード	2,210					
15		P-0022	髙橋玲	イヤホン	1,900					

1

セルH11に左ページの
数式を入力

2

縦横両方に数式をコピー

氏名ごとに各商品の売上
額の合計が表示された

> 縦横両方にコピーする際、各商品の参照元は
> 行を固定し列のみ移動、担当者の参照元は列
> を固定して行のみ移動させたいので、それぞれ
> 「H$10」「$G11」と入力します。

理解を深める HINT 🔍

≡

AVERAGEIFS関数を使って
条件に当てはまる数値の平均を求める

COUNTIFS関数とSUMIFS関数を覚えたら、条件に応じた範囲の平均を
出すことのできるAVERAGEIFS関数もチェックしておきましょう。年
代や性別ごとに平均値を出すことができると、効率よくデータの傾向を
俯瞰できます。

▶ 複数の条件に応じた範囲の平均値を出す

アベレージイフス
AVERAGEIFS
（平均範囲,条件範囲1,条件1,条件範囲2,条件2,…）

引数［条件範囲］と引数［条件］を指定して複数の条件を満たすデー
タを探し、検索されたデータに対応する引数［平均範囲］内の数値の
平均値を求める。

ROUNDDOWN関数で金額の端数を処理する

	A	B	C	D
2				
3		取引コード	税抜価格	税込価格
4		PCCJ7M	1,232	1355.2
5		XXMZDY	1,375	1512.5
6		SWR2WZ	1,364	1500.4
7		A9NNQE	1,380	1518
8		CEA6VE	1,219	1340.9
9		XNXMWQ	1,380	1518
10		QU77VU	1,105	1215.5
11		6YVX75	1,327	1459.7
12		3DD4UC	786	864.6
13		XFHMSE	1,077	1184.7
14			合計	13469.5
15				

	A	B	C	D
2				
3		取引コード	税抜価格	税込価格
4		PCCJ7M	1,232	1355
5		XXMZDY	1,375	1512
6		SWR2WZ	1,364	1500
7		A9NNQE	1,380	1518
8		CEA6VE	1,219	1340
9		XNXMWQ	1,380	1518
10		QU77VU	1,105	1215
11		6YVX75	1,327	1459
12		3DD4UC	786	864
13		XFHMSE	1,077	1184
14			合計	13465
15				

消費税を計算した際に出る端数は不要

小数点以下を切り捨てる

▶ 桁数を指定するときは正負の符号に注意しよう

ROUNDDOWN関数は、数字の切り捨てを実行するための関数です。ビジネスの現場では、消費税の端数処理などに多く用いられます。この関数を使う際の注意点は、何桁目以降を切り捨てるか指定する、第2引数の「桁数」の設定です。「正負の符号の向き」について誤る人が多いので注意しましょう。たとえば、小数点第一位までを表示したいときには正の1、十の位までを表示したいときには負の-1を指定する必要があります。直観的な感覚とは逆向きの符号になるため、82ページの図表2-04を必ず確認しましょう。

POINT :

1 数値の切り捨てにはROUNDDOWN
関数を使う

2 消費税計算時には切り捨てを行う

3 引数［桁数］で切り捨ての位置を指
定できる

MOVIE :

https://dekiru.net/ytgs_206

CHAPTER 2

「アウトプット」の無駄をなくす

指定した桁数で切り捨てる

ラウンドダウン
ROUNDDOWN (値,桁数)

引数［値］を引数［桁数］で切り捨てた結果を求める。

〈 数式の入力例 〉

それぞれの税抜価格に対応する税込価格を計算し、小数点以下を
切り捨てたい。

$$= ROUNDDOWN \underset{\textbf{1}}{(\underline{C4*(1+\$G\$3)}}, \underset{\textbf{2}}{\underline{0}})$$

〈 引数の役割 〉

❶ 値
税込価格（税抜価格×（1＋消費税率））

❷ 桁数
小数点以下の端数0

後で数式を下までコピーするので、消費税率のセルは絶対参照にしてお
きます。

小数点以下を切り捨てる場合、［桁数］
は省略可能です。初期設定は「0」に
なっています。

[「1,234.56」の場合の桁数の指定方法（図表2-04）]

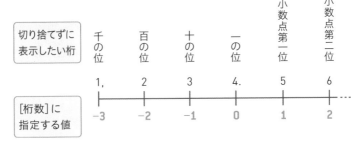

切り捨てずに表示したい桁	千の位	百の位	十の位	一の位	小数点第一位	小数点第二位
	1,	2	3	4.	5	6 …
[桁数]に指定する値	−3	−2	−1	0	1	2

小数点を切り捨てる場合は「正の値」、整数部分を切り捨てる場合は「負の値」を入力する

● 1円未満の端数を切り捨てる

1

	A	B	C	D	E	F	G
2							
3		取引コード	税抜価格	税込価格		消費税率	10%
4		PCCJ7M	1,23	=ROUNDDOWN(C4*(1+$G$3),0)			
5		XXMZDY	1,375				
6		SWR2WZ	1,364				
7		A9NNQE	1,380				
8		CEA6VE	1,219				
9		XNXMWQ	1,380				

セルD4に「=ROUNDDOWN（C4*(1+$G$3),0)」と入力

2

	A	B	C	D	E	F	G
2							
3		取引コード	税抜価格	税込価格		消費税率	10%
4		PCCJ7M	1,232	1355			
5		XXMZDY	1,375	1512			
6		SWR2WZ	1,364	1500			
7		A9NNQE	1,380	1518			
8		CEA6VE	1,219	1340			
9		XNXMWQ	1,380	1518			
10		QU77VU	1,105	1215			
11		6YVX75	1,327	1459			
12		3DD4UC	786	864			
13		XFHMSE	1,077	118			
14			合計	13465			

数式を下までコピー

小数点以下が切り捨てられた税込み価格が表示された

まずは、桁数の部分に「0」と打つと端数（小数点以下）を切り取ってくれる関数、と覚えておきましょう。

▶ 四捨五入と切り上げも関数で処理できる

ROUNDDOWN関数を使うことができたら、その延長として四捨五入を行うROUND関数、切り上げを行うROUNDUP関数も覚えておくと便利です。引数の指定方法はどれも同じです。それぞれの関数がどのような値を返すのか、下の画面で確認してみましょう。

● 指定した桁数で切り捨てる

ラウンドダウン
ROUNDDOWN（数値,桁数）

引数[数値]で切り捨てたい数値を指定し、引数[桁数]で切り捨てる桁数を指定する。

● 指定した桁数で四捨五入する

ラウンド
ROUND（数値,桁数）

引数[数値]で四捨五入したい数値を指定し、引数[桁数]で四捨五入する桁数を指定する。

● 指定した桁数で切り上げる

ラウンドアップ
ROUNDUP（数値,桁数）

引数[数値]で切り上げる数値を指定し、引数[桁数]で切り上げる桁数を指定する。

[「1,234.56」の場合の切り捨て・四捨五入・切り上げの比較]

	A	B	C	D	E	F
1						
2		元データ	桁数	ROUND	ROUNDUP	ROUNDDOWN
3		1,234.56	-3	1,000.00	2000	1000
4		1,234.56	-2	1,200.00	1300	1200
5		1,234.56	-1	1,230.00	1240	1230
6		1,234.56	0	1,235.00	1235	1234
7		1,234.56	1	1,234.60	1234.6	1234.5
8		1,234.56	2	1,234.56	1234.56	1234.56

「わかりやすい」話し方のために意識していること

　教育系YouTuberとして活動するうえで大切なことはたくさんありますが、その中でも「わかりやすく話す」ことは特に重要です。ここが満たされていない限り、動画を出すことは視聴者の方に対して失礼だと考えています。とはいいつつ、私は始める前から特別なスキルを持っているわけではなく、はじめての動画から1年経った今でも、わかりやすく話すことについて日々頭を悩ませています。

　そもそもどんな状態を「わかりやすい」と呼ぶかは人によって異なりますが、私の中では「何も考えずとも話が頭に入ってくる状態」を目指して、日々動画を撮影しています。私がおささんから学んだ考え方の1つに「FAB理論」と呼ばれるフレームワークがあります。これはセールスやマーケティングで用いられる理論ですが、わかりやすいコンテンツ作りに活かすことができる考え方です。FABとは、Function（説明したい機能そのもの）、Advantage（機能を利用することで得られる負の課題解決）、Benefit（機能を利用することで得られる正の未来提示）の頭文字をつなぎ合わせた造語です。たとえばオートフィル機能をこの方法で説明すると、以下のようになります。

F：スプレッドシートが連続した数値や文字列の規則性を検知し、以降のデータを自動入力してくれる。
A：ユーザー自身がデータを入力する手間を省くことができる。
B：より早く作業を終わらせることができ、ほかの重要なタスクに多くの時間を費やせるようになる、チームからの評価が上がる。

　説明に苦手意識を持つ方は「オートフィルを使うことで作業効率が上がる」など、各項目の具体的な説明を極端に省略し、聞き手にその説明の理由づけを委ねてしまう傾向にあります。また、最も重要なBenefitの部分を訴求できていないことも多いです。
　FAB理論を常に意識するのは難しいので、まずは「『なぜ』そうなるのか」、「これができると『どうなるのか』」を突き詰めることから始めてみてください。

⏸ ⏭ 🔊　　　　　　　　　　　　　⚏ ⚙ ⛶

スプレッドシートの
「VLOOKUP関数」を
使い倒す

VLOOKUP関数で
業務を自動化する

▶ シンプルながら万能なVLOOKUP関数

VLOOKUP関数は、ビジネスの現場で重要度が高い関数のうちの1つです。機能としては目的のデータを表から探して転記できるというシンプルなものですが、ほかの関数と組み合わせることで数多くの業務を自動化できます。インプットからアウトプットまで、幅広い場面で活躍する関数なので、ビジネスの現場でスプレッドシートを使いたいと考えている場合はこの機会にマスターしておきましょう。

この章では、VLOOKUP関数をさまざまな形で応用して、データを簡単に入力する方法や、データを効率よく集計する方法などを学びます。まずはVLOOKUP関数の基本的な動きを知ることからはじめましょう。

> 面倒な転記の作業は最初から関数に任せてしまうのがベターです。早く慣れて作業を効率化しましょう！

▶ VLOOKUP関数の動きを理解する

VLOOKUP関数をひとことで表すと、「 垂直に調べる関数 」です。VLOOKUPは「Vertical（垂直に）Lookup（調べる）」の略なので、文字通りの意味だといえます。では、「垂直に調べる」とはどのようなことでしょうか。本書の索引を例に確認してみましょう。

索引を見てみると、本書に登場する機能や関数が上から50音順に並んでいますね。では、索引を使って「フィルタ」が何ページにあるかを調べてください。

POINT :

1 表からデータを探して転記できる

2 「垂直に調べる動き」は索引から
ページ数を探す作業と同じ

3 縦にデータが増えても一瞬で調べら
れる

さて、皆さんの目はどのような動きをしたでしょうか。まず上から順番に「フ」を探し、その中から「フィルタ」とそのページ番号を見つけたはずです。このように、下へ移動したあと、横に移動して調べる動きが「垂直に調べる」ということです。ビジネスの現場では、縦にどんどん増えていくマスタデータ（住所録、社員名簿、商品目録など）を頻繁に扱うため、この「垂直に調べる」という動きが重要になってきます。

● キーワードから
　ページを調べる

● 商品コードから
　単価を調べる

● 商品コードから商品名を調べて転記する

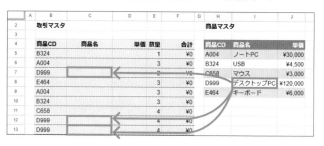

02

VLOOKUP

VLOOKUP関数の基本を押さえよう

商品CDに対応する商品名と単価を自動で表示する

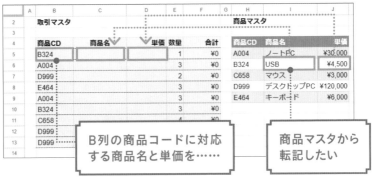

B列の商品コードに対応する商品名と単価を……

商品マスタから転記したい

VLOOKUP関数を使うと、「ほかの表からデータを探し出して転記する」ということが簡単にできます。

▶ VLOOKUP関数を使って表から必要な情報を探し出す

　別の表から必要なデータを抽出することはよくあります。たとえば上の例では、取引マスタの商品CD（商品コード）に該当する商品を、商品マスタから探してきて転記します。これを手作業でやると大変面倒で、記載ミスも起こりかねません。このような場合はVLOOKUP関数を使いましょう。VLOOKUP関数のポイントは「①調べたいもの」「②調べたい範囲」「③範囲の何列目を取り出すか」の3つを正しく指定することです。

POINT :

1 | 引数［検索キー］には探したいデータを指定

2 | 引数［範囲］には探したいデータが含まれる表を指定

3 | 引数［指数］には抽出する列を指定

MOVIE :

https://dekiru.net/ytgs_302

● 商品CDに対応する商品名を抽出する

範囲内を上から下へ検索する

VLOOKUP（検索キー,範囲,指数,並べ替え済み）
ブイルックアップ

引数［検索キー］に探したいデータ、引数［範囲］に検索したい表、引数［指数］に抽出したいデータのある列番号を指定する。引数［検索キー］とまったく同じデータを検索する場合は引数［並べ替え済み］に「FALSE」を指定する。

〈 数式の入力例 〉

商品CDに対応する商品名を入力したい。

= VLOOKUP（B5,$H$5:$J$9,2,FALSE）
❶ ❷ ❸ ❹

〈 引数の役割 〉

❶ 検索キー
B324（セルB5）

❷ 範囲
商品マスタ（セルH5〜J9）
この範囲の左端列を上から下に検索する（参照する範囲を固定したいので、絶対参照にする）

❹ 並べ替え済み
「FALSE」または「0」と指定

CHAPTER 3

スプレッドシートの「VLOOKUP関数」を使い倒す

	1列	2列	3列

商品CD	商品名	単価
A004	ノートPC	¥30,000
B324	USB	¥4,500
C658	マウス	¥3,000
D999	デスクトップPC	¥120,000
E464	キーボード	¥6,000

❸ 指数
商品名の列
（2列目）

商品CD「B324」が見つかったらその行の2列目のデータを抽出

FALSE（0）：完全一致
引数[検索キー]で指定した値とまったく同じデータを探す

TRUE（1）：近似一致
引数[検索キー]で指定した値と近いデータを探す

ここでは「B324」という商品CDだけを検索したいので、「FALSE」と指定しました。実務では「FALSE」と指定することがほとんどです。「TRUE」の使い方については108ページを参照してください。

FALSEは「0」、TRUEは「1」で代用できます。

= VLOOKUP（B5,$H$5:$J$9,2,FALSE）

1

セルC5に上の数式を入力

2

数式を下へコピー

商品CDに対応する商品名が表示された

● 商品CDに対応する単価を抽出する

= VLOOKUP (B5,$H$5:$J$9,3,FALSE)

1

セルD5に上の数式を
入力して下へコピー

商品CDに対応する単
価が表示された

CHECK!

商品マスタ内で単価は
3列目なので、ここでは
引数[指数]を「3」にし
ました。

理解を深めるHINT 🔍

≡

入力した数式を確認しよう

数式が正しく入力されているか確認したい場合は、[表示]メニューから
[数式を表示]を選択します。通常の表示に戻したいときは再度[数式を
表示]をクリックすると、表示が解除されます。

> 商品名と単価のセルに
> VLOOKUP関数が適用さ
> れているのがわかる

03

IFERROR

エラー値の表示を変えて美しい資料を作ろう

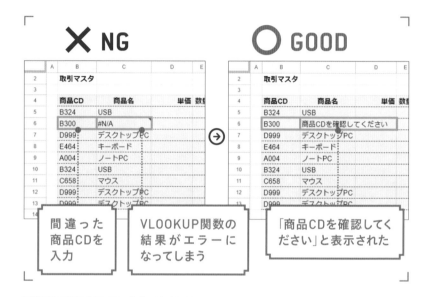

✕ NG

	A	B	C	D	E
2		取引マスタ			
3					
4		商品CD	商品名	単価	数
5		B324	USB		
6		B300	#N/A		
7		D999	デスクトップPC		
8		E464	キーボード		
9		A004	ノートPC		
10		B324	USB		
11		C658	マウス		
12		D999	デスクトップPC		
13		D999	デスクトップPC		
14					

○ GOOD

	A	B	C	D	E
2		取引マスタ			
3					
4		商品CD	商品名	単価	数
5		B324	USB		
6		B300	商品CDを確認してください		
7		D999	デスクトップPC		
8		E464	キーボード		
9		A004	ノートPC		
10		B324	USB		
11		C658	マウス		
12		D999	デスクトップPC		
13		D999	デスクトップPC		

間違った
商品CDを
入力

VLOOKUP関数の
結果がエラーに
なってしまう

「商品CDを確認してく
ださい」と表示された

▶ エラーの内容をほかの文字列に置き換えよう

VLOOKUP関数をセルに適用した際、#N/Aのようなエラー値が返されることがあります。このエラー値は「関数の使い方を間違えています」というアラートを示しています。単純に間違えている場合は、関数を修正しましょう。一方で、一時的にエラーが出ている場合（関数の引数に指定した参照先のセルに、データが後日追加される場合など）は、資料の見た目を損ねるため、エラー値が出ないよう工夫をしたいニーズが出てきます。このときに役立つのがIFERROR関数です。まず、エラーである理由を具体的に伝える「文言を表示する事例」、続いて「空白セルに置き換える事例」の2パターンを見てみましょう。

POINT :

1 | VLOOKUP関数は検索キーが見つからないとエラー値に！

2 | エラー値を別の値に置き換えたいときは、IFERROR関数を使う

3 | エラー値がそのまま表示されたシートを実務で使わない

MOVIE :

https://dekiru.net/ytgs_303

● VLOOKUP関数の「 #N/A 」エラーに対処する

エラー値の表示を変える

イフエラー
IFERROR (値,エラー値)

計算に問題がなければ引数[値]を表示し、エラーが出た場合は指定した引数[エラー値]を表示する。

〈 数式の入力例 〉

VLOOKUP関数を使って商品CDに対応する商品名を求める。エラーが出た場合は「商品CDを確認してください」と表示する。

= IFERROR (VLOOKUP(B5,$H$5:$J$9,2,FALSE),

❶

"商品CDを確認してください")

❷

〈 引数の役割 〉

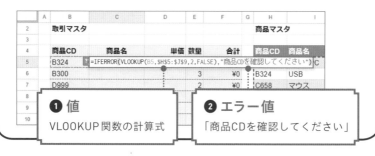

 ❶ 値
VLOOKUP関数の計算式

 ❷ エラー値
「商品CDを確認してください」

CHAPTER 3

スプレッドシートの「VLOOKUP関数」を使い倒す

= IFERROR(VLOOKUP(B5,$H$5:$J$9,2, FALSE),"商品CDを確認してください")

1

セルC5に上の数式を
入力して下へコピー

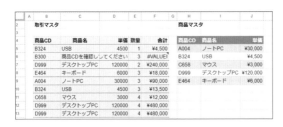

エラーの部分に「商
品CDを確認してくだ
さい」と表示された。
VLOOKUP関数内の引
数[指数]を3に変え、
単価の列も同様の方法
で入力する

> 「商品CDを確認してください」は文字列なので
> 「"」(ダブルクォーテーション)で囲みます。

● 合計値のエラーに対処する

セルF6には「=D6*E6」という数式が入力されていますが、エラー値であ
るセルD6を参照しているので「#VALUE!」と表示されます。

IFERROR関数を使って、今度はエラー値を空白のセルに変えましょう。

	A	B	C	D	E	F	G
2		取引マスタ					
3							
4		商品CD	商品名	単価	数量	合計	
5		B324	USB	4500	1	¥4,500	
6		B300	商品CDを確認してください		3	#VALUE!	
7		D999	デスクトップPC	120000	2	¥240,000	
8		E464	キーボード	6000	3	¥18,000	

> エラー値を
> 空白にしたい

=IFERROR(D5*E5,"")

「""」は空白のセルを意味する

1

セルに上の数式を入力

	A	B	C	D	E	F	G	H
2		取引マスタ						商品マス
3								
4		商品CD	商品名	単価	数量	合計		商品CD
5		B324	USB	4500		=IFERROR(D5*E5,"")		4
6		B300	商品CDを確認してください		3	#VALUE!		B324

2

数式を下へコピー

エラー値が空白で表示された

	A	B	C	D	E	F	G	H
2		取引マスタ						商品マス
3								
4		商品CD	商品名	単価	数量	合計		商品CD
5		B324	USB	4500	1	¥4,500		A004
6		B300	商品CDを確認してください		3			B324
7		D999	デスクトップPC	120000	2	¥240,000		C658
8		E464	キーボード	6000	3	¥18,000		D999
9		A004	ノートPC	30000	3	¥90,000		E464
10		B324	USB	4500	3	¥13,500		
11		C658	マウス	3000	4	¥12,000		
12		D999	デスクトップPC	120000	4	¥480,000		
13		D999	デスクトップPC	120000	4	¥480,000		

[スプレッドシートのエラー値一覧（図表3-01）]

エラー値	原因
#NULL!	正しくない演算子が使われている
#DIV/0!	0による除算が行われている
#VALUE!	関数内の引数に間違いがある
#REF!	参照しているセルが削除されている
#NAME?	関数の表記に誤りがある
#NUM!	処理できる数値の範囲を超えている 数値指定する関数に不適切な値を使っている
#N/A	検索関数で検索キーが見つからない

検索関数とは、VLOOKUP関数など、条件に当てはまるデータを検索する関数のことです。

04

データの
入力規則

ドロップダウンリストを活用して
エラー知らずの資料を作る

商品CDを入力せずにリストから選択する

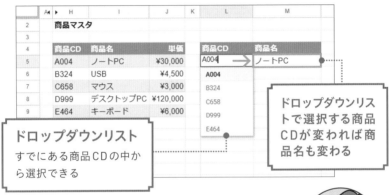

ドロップダウンリスト
すでにある商品CDの中から選択できる

ドロップダウンリストで選択する商品CDが変われば商品名も変わる

入力の段階でミスをしないよう、データの入力規則を設定しましょう。

▶ ［検索キー］のセルにはリストを仕込んでおく

　VLOOKUP関数の引数［検索キー］で間違った値を入力するとエラーになります。前のレッスンでエラー値を置き換える方法を説明しましたが、そもそもエラーが出ないデータを作るにはどうしたらよいでしょうか。

　正しいデータを入力するための仕組みとして役立つのが「ドロップダウンリスト」です。ドロップダウンリストとは、あらかじめ用意されたリストから値を入力する機能です。商品コードや商品名など、選択肢が限られているものはリストから入力できるようにしておきましょう。

POINT :

1 　誤入力を防ぐためにドロップダウンリストを使う

2 　あらかじめ用意された項目から選択するので入力の必要がない

3 　ほかのチームメンバーが操作しても同じ結果になる

MOVIE :

https://dekiru.net/ytgs_304

CHAPTER 3

スプレッドシートの「VLOOKUP関数」を使い倒す

● ドロップダウンリストを作る

1

リストを作りたいセルを選択

2

[データ]タブの[データの入力規則]をクリック

[データの入力規則]ダイアログボックスが表示される

3

[条件]で[リストを範囲で指定]を選択

4

右の格子マークをクリック

5

リストにしたいセルを選択

6

[OK]ボタンをクリック

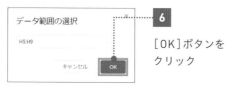

097

7

[無効なデータの場合]で[入力を拒否]を選択し、[保存]ボタンをクリック

8

セルの右側に▼マークが表示された

▼マークをクリックしてリストから商品CDを選択できるようになった

CHECK!

セルを選択した状態で Enter キーを押してもリストを表示できます。

● VLOOKUP関数に組み込んでエラーを防ぐ

VLOOKUP関数の引数[検索キー]にリスト化したセルを設定して、商品コードと商品名を連携させましょう。

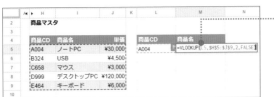

1

セルM5に「=VLOOKUP(L5,$H$5:$J$9,2,FALSE)」と入力

セルL5に設定したドロップダウンリストから商品CDを選ぶと、商品名も自動で変わるようになった

CHECK!

前回まで作成してきた取引マスタ内の商品コードの列にも同様の操作を行いました。存在しない商品コード「B300」の部分には[無効]と表示されています。

理解を深めるHINT　🔍　☰

複数データはショートカットキーで簡単に選択できる

数十行、数百行もある表で先頭行から最終行まで選択したいとき、スクロールして選択するのは大変です。ショートカットキーを使って一気に選択しましょう。

▶ データがある末尾まで選択する

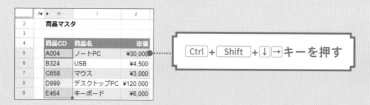

Ctrl + Shift + ↓→ キーを押す

▶ 複数のセル範囲を選択する

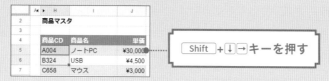

Shift + ↓→ キーを押す

引数[範囲]を広げて
データの増減に対応する

データが増えるたびに数式をメンテナンスするのは面倒

	A	B	C	D	E	F	G	H	I	J
2		取引マスタ							商品マスタ	
3										
4		商品CD	商品名		単価	数量	合計	商品CD	商品名	単価
5		B324	USB			1	¥0	A004	ノートPC	¥30,000
6		A004	ノートPC			3	¥0	B324	USB	¥4,500
7		D999	デスクトップPC			3	¥0	C658	マウス	¥3,000
8		E464	キーボード			2	¥0	D999	デスクトップP(¥120,000
9		A004	ノートPC			3	¥0	E464	キーボード	¥6,000
10		B324	USB			3	¥0	F500	イヤホン	
11		C658	マウス			3	¥0			
12		D999	デスクトップPC			4	¥0			
13		D999	デスクトップPC			4	¥0			
14		F500	#N/A			4	¥0			

データが増えるたびに
VLOOKUP関数の引数[範囲]
を変更しなければならない

新たに追加した「イヤ
ホン」を取引マスタに
も反映させたい

▶ 新たに追加したデータも自動的に計算の対象にする

　新しい商品の追加などによってデータの件数が増えることはよくあります
が、その度にVLOOKUP関数の引数[範囲]を修正していくのは大変な手間で
す。データの増減に対応するためには、列全体を引数[範囲]に指定します。
こうしておくと、新たに追加したデータが自動的にその範囲に含まれるの
で、VLOOKUP関数が正しい結果を導き出せるのです。

1 Excelの「テーブル」にあたる機能はスプレッドシートにはない

2 VLOOKUP関数の引数[範囲]を列全体にすればデータの増減に対応できる

3 動作が重くなるのを防ぎたい場合はキリのよい行まで選択する

https://dekiru.net/ytgs_305

● 商品マスタの列全体を引数[範囲]に設定する

商品マスタに追加されたデータが取引マスタにも反映されるよう、VLOOKUP関数の引数[範囲]を商品マスタの列全体に変更しましょう。列全体を表現するには「$J$9」の行番号部分「$9」を削除して「$J」とします。

= VLOOKUP (B5 , <u>$H$4:$J</u> , 2 , FALSE)

商品マスタの列全体

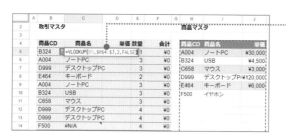

1

セルC5に上の数式を入力

2

数式を下へコピー

商品マスタに追加した「イヤホン」が取引マスタにも反映された

商品マスタの列全体を引数[範囲]に設定すると、商品マスタの下側に点線が続いていきます。

CHAPTER 3

スプレッドシートの「VLOOKUP関数」を使い倒す

● 引数［範囲］の上限を設定して動作を軽くする

VLOOKUP関数の引数［範囲］が大きいと、データが積み重なっていくにつれてスプレッドシートの動作が重くなる恐れがあります。列全体ではなく「150行まで」のようにある程度の上限を決め、動作が重くなるのを防ぎましょう。

$$= VLOOKUP(B5, \$H\$4:\$J\$150, 2, FALSE)$$

セルH4〜J150

1

セルC5に上の数式を入力して数式を下へコピー

商品マスタの行全体を選択したときと同じ結果が得られた

> この場合、データが積み重なって150行を超えそうになったら引数［範囲］を拡張していきましょう。

▶ Excelのテーブル機能をチェック！

Excelには「テーブル」という機能があり、参照元の表をあらかじめテーブル化しておくことで、データの増減に対応できます。一方、スプレッドシートにはExcelのようなテーブル機能がありません。そのため、VLOOKUP関数の引数［範囲］を変更することで結果的にテーブル機能を使った場合と同じ結果を導いています。ここでは同じ操作をExcelで行う方法を確認しておきましょう。

● Excelで商品マスタをテーブルにする

1

Excelで商品マスタ内のセルを選択した状態で [Ctrl]([⌘])+[T] キーを押す

[テーブルの作成]ダイアログボックスが表示される

2

[OK]ボタンをクリック

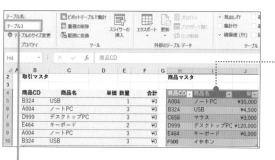

商品マスタの表がテーブル化された

3

テーブルを選択

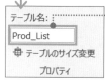

4

[テーブル名]に「Prod_List」と入力

わかりやすい名前に変更しておくと、関数内でテーブルを指定する際に便利です。

● VLOOKUP関数の引数[範囲]でテーブルを指定する

A	B	C	D	E	F	G	H	I	J
2	取引マスタ						商品マスタ		
4	商品CD						商品CD	商品名	単価
5	B324	=VLOOKUP(B5,Prod_List,2,FALSE)					A004	ノートPC	¥30,000
6	A004	ノ VLOOKUP(検索値, 範囲, 列番号, [検索方法])	¥0				B324	USB	¥4,500
7	D999	デスクトップPC ⊞ Prod_List	¥0				C658	マウス	¥3,000
8	E464	キーボード	2	¥0			D999	デスクトップPC	¥120,000
9	A004	ノートPC	3	¥0			E464	キーボード	¥6,000
10	B324	USB	3	¥0			F500	イヤホン	

1

ExcelでセルC5の引数[範囲]に「Prod_List」と入力

06

COLUMN

引数［指数］をその都度
修正する手間を省く

よりフレキシブルな数式を作りたい

| C5:D13 | | fx | =VLOOKUP($B5,$H$4:$J$9,2,FALSE) | | | | | | | |

取引マスタ

商品CD	商品名		単価	数量	合計
B324	USB	USB		1	
A004	ノートPC	ノートPC		3	
D999	デスクトップP	デスクトッ		3	
E464	キーボード	キーボード		2	
A004	ノートPC	ノートPC		3	
B324	USB	USB		3	
C658	マウス	マウス		3	
D999	デスクトップP	デスクトッ		4	
D999	デスクトップP	デスクトッ		4	

商品マスタ

商品CD	商品名	単価
A004	ノートPC	¥30,000
B324	USB	¥4,500
C658	マウス	¥3,000
D999	デスクトップPC	¥120,000

> 横に数式をコピーすると
> 引数［指数］も自動で変わ
> るようにしたい

セルC5 = VLOOKUP ($B5 , $H$4:$J$9 , **2** , FALSE)

セルD5 = VLOOKUP ($B5 , $H$4:$J$9 , **3** , FALSE)

▶ 引数［指数］をある値で固定してしまうことの問題点

　VLOOKUP関数を使った数式を横方向にもコピーする際、引数［指数］を「1」や「2」のように固定してしまうと、その都度数式を修正しなければならず、面倒です。これを避けるため、引数［指数］に固定値ではなくCOLUMN関数を入力し、指定したセルの列番号を数えられるようにしておきます。こうしておくと、参照元が削除されても自動的に引数［指数］の値を導き出すことができ、修正の手間が省けます。メンテナンスしやすいデータ作りのために、COLUMN関数をマスターしましょう。

POINT :

1	引数［指数］をその都度修正するのは面倒
2	VLOOKUP関数にCOLUMN関数を組み合わせて列番号を自動で求める
3	1つの関数だけでフレキシブルに複数の列に対応できる

MOVIE :

https://dekiru.net/ytgs_306

● 参照元の表に含まれる列番号を数える

セルの列番号を求める

COLUMN (セル参照)

引数［セル参照］で列番号を求めるセルを指定する。シートの先頭の列（A列）を1として、B列なら2、C列なら3……となる。

〈 数式の入力例 〉

セルC4の列番号を求める。

$$= COLUMN (\underline{C\$4}) → 3$$
❶

〈 引数の役割 〉

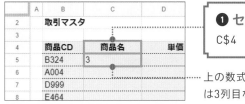

❶ セル参照
C\$4

上の数式を入力するとセルC4は3列目なので「3」と返される。

数式を横方向にコピーするときのために行のみ絶対参照にしておきます。

引数［指数］を求める

以下の数式をVLOOKUP関数の引数［指数］に指定することで、数式を隣のセルにコピーしたときに自動的に引数［指数］の列番号も隣の番号になります。

$$= \underbrace{\text{COLUMN(C\$4)}}_{\text{3と返される}} - \underbrace{\text{COLUMN(\$A\$4)}}_{\text{1と返される}} \rightarrow 2$$

表の先頭のB列を「1」としたいので「C列（3）」-「A列（1）」と入力して引数［指数］を求める

$$= \underbrace{\text{COLUMN(D\$4)}}_{\text{4と返される}} - \underbrace{\text{COLUMN(\$A\$4)}}_{\text{1と返される}} \rightarrow 3$$

セルA4を基準にして考えたいので「$A$4」と絶対参照にして固定しておきます。

= VLOOKUP($B5,$H$4:$J$9, COLUMN(C$4)-COLUMN($A$4),FALSE)

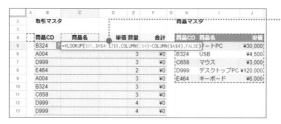

1

セルC5に上の数式を入力

CHECK!

引数［検索キー］は下に移動していくので列のみ絶対参照にします。

106

	A	B	C	D	E	F	G	H	I	J
2		取引マスタ						商品マスタ		
3										
4		商品CD	商品名	単価	数量	合計		商品CD	商品名	単価
5		B324	USB	¥4,500	1	¥4,500		A004	ノートPC	¥30,000
6		A004	ノートPC	¥30,000	3	¥90,000		B324	USB	¥4,500
7		D999	デスクトップPC	¥120,000	3	¥360,000		C658	マウス	¥3,000
8		E464	キーボード	¥6,000	2	¥12,000		D999	デスクトップPC	¥120,000
9		A004	ノートPC	¥30,000	3	¥90,000		E464	キーボード	¥6,000
10		B324	USB	¥4,500	3	¥13,500				
11		C658	マウス	¥3,000	3	¥9,000				
12		D999	デスクトップPC	¥120,000	4	¥480,000				
13		D999	デスクトップPC	¥120,000	4	¥480,000				

2

縦横両方に数式をコ
ピー

1つの数式で商品名と
単価の両方を入力でき
た

	A	B	C	D	E	F	G	H	I	J
2		取引マスタ						商品マスタ		
3										
4		商品CD	商品名	単価	数量	合計		商品CD	商品名	単価
5		B324	USB	=VLOOKUP($B5,$H$4:$J$9,COLUMN(D$4)-COLUMN($A$4),FALSE)				A004	ノートPC	¥30,000
6		A004	ノートPC	¥30,000	3	¥90,000		B324	USB	¥4,500
7		D999	デスクトップPC	¥120,000	3	¥360,000		C658	マウス	¥3,000
8		E464	キーボード	¥6,000	2	¥12,000		D999	デスクトップPC	¥120,000
9		A004	ノートPC	¥30,000	3	¥90,000		E464	キーボード	¥6,000
10		B324	USB	¥4,500	3	¥13,500				
11		C658	マウス	¥3,000	3	¥9,000				
12		D999	デスクトップPC	¥120,000	4	¥480,000				
13		D999	デスクトップPC	¥120,000	4	¥480,000				

CHECK!

セルD5の数式を確認し
てみると、COLUMN関
数内の「C$4」が「D$4」
に変化し、正しい列番
号が入力されているこ
とがわかります。

理解を深めるHINT 🔍 ☰

指定したセルの行番号を求めるにはROW関数を使う

COLUMN関数と同じ要領で、ROW関数を使ってセルの行番号を数える
ことができます。

● 指定したセルの行番号を求める

$$\underset{\text{ロ ウ}}{\text{ROW}} (セル参照)$$

引数 [セル参照] で行番号を返すセルを指定します。行番号は
ワークシートの先頭の行を「1」として数えたときの値です。

関数の扱いに慣れてきたら、いかにシートの中で使
用する数式を減らすかを考える癖をつけましょう。
できるだけ数式を減らすことで、ファイルが重くなる
のを防げます。

07

近似一致

「～以上～未満」の検索は、近似一致で！

月間売上に応じて歩合給を求めたい

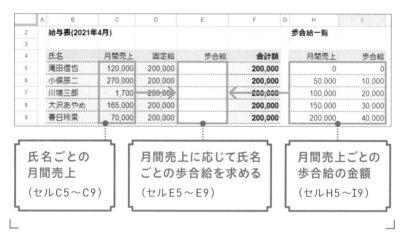

	A	B	C	D	E	F	G	H	I
2		給与表(2021年4月)						歩合給一覧	
3									
4		氏名	月間売上	固定給	歩合給	合計額		月間売上	歩合給
5		滝田信也	120,000	200,000		200,000		0	0
6		小俣辰二	270,000	200,000		200,000		50,000	10,000
7		川端三郎	1,700	200,000		200,000		100,000	20,000
8		大沢あやめ	165,000	200,000		200,000		150,000	30,000
9		春日玲菜	70,000	200,000		200,000		200,000	40,000

氏名ごとの
月間売上
（セルC5〜C9）

月間売上に応じて氏名
ごとの歩合給を求める
（セルE5〜E9）

月間売上ごとの
歩合給の金額
（セルH5〜I9）

▶ 引数［検索キー］に最も近い値を検索する

　ここまでVLOOKUP関数の引数［並べ替え済み］の部分には完全一致である
FALSEを指定してきました。使用頻度は完全一致のほうが高いですが、近似
一致を使うと便利な場面もあります。

　近似一致を使うと、引数［検索キー］と一致する値がなくても、それより
小さくかつ最も近い値（引数［検索キー］未満の近似値）を検索できます。
たとえば上の図のように滝田さんの月間売上（12万円）に対応する歩合給が
表になくても、12万円に近い金額を検索して、歩合給を決定できるのです。
このレッスンで、「～以上～未満」の検索方法を理解していきましょう。

POINT :

1 | 引数［並べ替え済み］には完全一致と近似一致のどちらかを指定する

2 | 引数［検索キー］と完全に一致する値を探したいときは完全一致

3 | 引数［検索キー］に最も近い値を検索したいときは近似一致

MOVIE :

https://dekiru.net/ytgs_307

▶ **完全一致と近似一致をシーンによって使い分ける**

VLOOKUP関数の引数［並べ替え済み］で近似一致を指定する場面はどんなときか、完全一致と比較して確認していきましょう。

◉ **完全一致と近似一致の違いを知る**

= VLOOKUP (検索キー, 範囲, 指数, 並べ替え済み)

完全一致
FALSE

ID・商品名・名前などを検索したいときは完全一致。

商品B	を買うと	3%	の割引率

商品名	割引率
商品A	1%
商品B	3%
商品C	5%

［商品名］の列から「商品B」に完全に一致する値を検索し、その割引率を抜き出しています。

近似一致
TRUE

金額や重さなど、「〜以上〜未満」という範囲を持たせて検索したいときは近似一致。

20000	円分買うと	7%	の割引率

金額	割引率
5,000	5%
10,000	7%
30,000	10%

20,000円は10,000円以上30,000円未満なので、［金額］の列から20,000円未満の近似値である10,000円の割引率を抜き出しています。

● 月間売上から歩合給を求める

〈 数式の入力例 〉

$$= VLOOKUP(C5, \$H\$4:\$I\$9, 2, TRUE)$$

❶   ❷   ❸   ❹

〈 引数の役割 〉

❶ 検索キー
月間売上（セルC5）

❷ 範囲
歩合給一覧
（セルH4〜I9）

❸ 指数
歩合給一覧
の2列目

❹ 並べ替え済み
近似一致（TRUE）

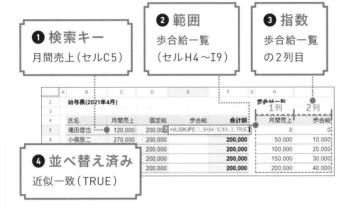

氏名ごとの月間売上を歩合給一覧の月間売上から探します。一致する金額が見つかったらそこから2列目の歩合給を取り出して給与表に表示します。完全に一致する額がない場合は引数［検索キー］未満の近似値を取り出します。たとえば滝田さんの月間売上120,000円に完全に一致する値は歩合給一覧にはありません。この場合、120,000円未満の近似値が100,000円なので歩合給は20,000円になります。

$$= VLOOKUP(C5, \$H\$4:\$I\$9, 2, TRUE)$$

	A	B	C	D	E	F		H	I
2		給与表(2021年4月)						歩合給一覧	
3									
4		氏名	月間売上	固定給	歩合給	合計額		月間売上	歩合給
5		滝田信也	120,000	200,000	20,000	220,000		0	0
6		小俣辰二	270,000	200,000	40,000	240,000		50,000	10,000
7		川端三郎	1,700	200,000	0	200,000		100,000	20,000
8		大沢あやめ	165,000	200,000	30,000	230,000		150,000	30,000
9		春日玲菜	70,000	200,000	10,000	210,000		200,000	40,000
10									
11									
12									

1

セルE5に上の数式を
入力して下へコピー

売上額に応じた歩合給
が表示された

=VLOOKUP(C5,$H$4:$I$9,2,FALSE)

	A	B	C	D	E	F	G	H	I
2		給与表(2021年4月)						歩合給一覧	
3									
4		氏名	月間売上	固定給	歩合給	合計額		月間売上	歩合給
5		滝田信也	120,000	200,000	#N/A	#N/A		0	0
6		小俣辰二	270,000	200,000	40,000	240,000		50,000	10,000
7		川端三郎	1,700	200,000	0	200,000		100,000	20,000
8		大沢あやめ	165,000	200,000	30,000	230,000		150,000	30,000
9		春日玲菜	70,000	200,000	10,000	210,000		200,000	40,000
10									
11									
12									

これを完全一致で行うと、12万円に完全に一致する値が見つからず、エラーが出てしまう

引数［並べ替え済み］を省略した場合は「TRUE」と見なされます。

理解を深めるHINT 🔍

≡

近似一致で検索する際の注意点

VLOOKUP関数の引数［並べ替え済み］に近似一致であるTRUEを指定すると、引数［検索キー］に完全に一致する値がなくても、引数［検索キー］未満の近似値を探し出せます。

ここで注意しなければならないのが、参照元の表の並び順です。規則性がない並びや降順になっていると、「〜以上〜未満」をうまく検索することができません。このレッスンで使っているシートの歩合給一覧表でも、金額は昇順になっています。

また、引数［検索キー］が「-1,000」のようにマイナスだと、それより小さい値が見つからずエラーになってしまいます。近似一致で計算するときは以上の点に注意しましょう。

	A	B	C	D	E	F	G	H	I
2		給与表(2021年4月)						歩合給一覧	
3									
4		氏名	月間売上	固定給	歩合給	合計額		月間売上	歩合給
5		滝田信也	-1,000	200,000	#N/A	#N/A		0	0
6		小俣辰二	270,000	200,000	40,000	240,000		50,000	10,000
7		川端三郎	1,700	200,000	0	200,000		100,000	20,000
8		大沢あやめ	165,000	200,000	30,000	230,000		150,000	30,000
9		春日玲菜	70,000	200,000	10,000	210,000		200,000	40,000

歩合給一覧の月間売上を下回る値だとエラーが返ってくる

昇順（小→大）に並べる

別シートや別ファイルにある データを参照する

参照元のデータを同じシート内に置くのはNG

	A	B	C	D	E	F	G	H	I	J
2		取引マスタ						商品マスタ		
3										
4		商品CD	商品名		単価	数量	合計	商品CD	商品名	単価
5		B324	USB			1	¥0	A004	ノートPC	¥30,000
6		A004	ノートPC			3	¥0	B324	USB	¥4,500
7										
8		D999	デスクトップPC			3	¥0	C658	マウス	¥3,000
9		E464	キーボード			2	¥0	D999	デスクトップPC	¥120,000
10		A004	ノートPC			3	¥0	E464	キーボード	¥6,000
11		B324	USB			3	¥0			
							3			
							4			
							4			

取引マスタシートの7行目に
新しく行を追加

参照元の商品マスタにも
行が追加されてしまった

「取引マスタ」の行を削除すると「商品マスタ」
の行も削除され、VLOOKUP関数の結果が
エラーになってしまいます。

▶ 参照元のデータを適切に管理する

　ここまでは同じシート上にある表からデータを転記してきましたが、実務
では別のシートの表からデータを転記するケースがほとんどです。なぜな
ら同じシートに参照元の表がある場合、上の例のように転記先の表に行を挿
入すると、参照元の表にも行が挿入され正しい計算ができなくなることがあ
るためです。参照元の表を別のシートで管理する際にどのようにVLOOKUP
関数でデータを転記すればよいか学びましょう。

▶ 参照元のデータは別シートで管理する

参照元のデータは下図のように別のシートに分けて保存するのが原則です。シートを作成する際に「取引履歴」や「商品マスタ」といったわかりやすい名前をつけておきます。

CHECK!

別のシートにデータを保存しておくと、取引マスタに新しく行・列を追加しても参照元のデータには影響せず、安心です。

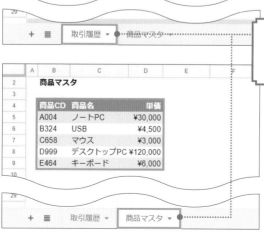

> タブをクリックするとシートを切り替えられる

● 別シートのデータを参照する

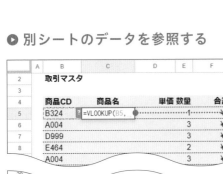

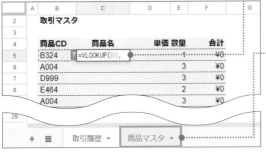

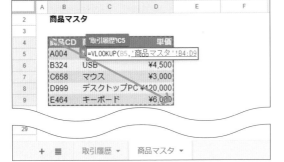

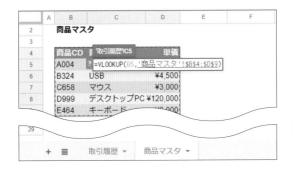

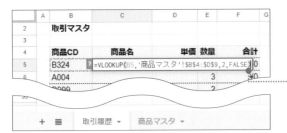

1

セルC5に「=VLOOKUP（B5,」と入力

2

画面下部の［商品マスタ］タブをクリックする

CHECK!

`Alt`（`Option`）+↑または↓キーでもシートを切り替えられます。

3

セルB4～D9をドラッグして選択

4

`F4`キーを押す

引数［範囲］が「'商品マスタ'!\$B\$4:\$D\$9」と絶対参照になった

CHECK!

シート名は「'」で囲まれ、シート名とセル範囲の間には「!」がつきます。

5

「,2,FALSE）」と入力して`Enter`キーを押す

| C5:C13 | ▾ | f_x | =VLOOKUP(B5,'商品マスタ'!$B$4:$D$9,2,FALSE) | | | | |

	A	B	C	D	E	F	G
2		取引マスタ					
3							
4		商品CD	商品名	単価	数量	合計	
5		B324	USB		1	¥0	
6		A004	ノートPC		3	¥0	
7		D999	デスクトップPC		2	¥0	
8		E464	キーボード		3	¥0	
9		A004	ノートPC		3	¥0	
10		B324	USB		3	¥0	
11		C658	マウス		4	¥0	
12		D999	デスクトップPC		4	¥0	
13		D999	デスクトップPC		4	¥0	

6

セルC5を下へコピー

別シートを参照して商品名が表示された

=VLOOKUP（B5,<u>'商品マスタ'!$B$4:$D$9</u>, 2,FALSE）

'（シート名）'!（セル範囲）

理解を深めるHINT 🔍　　　　　　　≡

ほかのファイルのデータを参照するには

スプレッドシートはクラウド上にデータを保存するため、各データに固有のURLが存在します。ExcelにはないIMPORTRANGE関数を使って、URLで別ファイルのデータを参照できます。

▶ 別ファイルにあるセルの範囲を読み込む

インポートレンジ
IMPORTRANGE("スプレッドシートのURL","範囲の文字列")

〈数式の入力例〉

別ファイルにある「商品」という名前のスプレッドシートのセルB4～D9をVLOOKUPの引数[範囲]に指定したい。

=VLOOKUP（B5,IMPORTRANGE（"URL","商品！B4:D9"）, 2,FALSE）

[スプレッドシートのURL]と[範囲の文字列]は必ず「"」で囲みます。別シートを参照する場合と同じく、シート名とセル範囲の間に「！」を入力しましょう。

> ほかのファイルを参照する場合、参照方法を絶対参照にする必要はありません。

CHAPTER 3

スプレッドシートの「VLOOKUP関数」を使い倒す

115

09

LEFT／RIGHT／
MID／FIND

複雑な文字列の一部を
引数［検索キー］にしよう

引数［検索キー］にセルをそのまま使えない

［コード］列に合わせて、ID列の先頭
2文字を引数［検索キー］にしたい

	A	B	C	D	E	G	H	I
2	ID		氏名	ボーナス		コード	部署	ボーナス
3	FN-269		赤坂隆			HR	人事部	50,000
4	FN-173		徳田雄大			FN	経理部	70,000
5	PR-297		山中静香			PR	販売促進部	80,000
6	FN-180		亀山元子					
7	FN-190		豆田和子					
8	PR-214		柳理沙					
9	PR-195		千丸渚					
10	FN-242		荒川省吾					
11	HR-181		前田健太					
12	FN-204		中田健一					
13	HR-296		福田修平					
14	PR-131		清田卓也					

IDで部署を判別し、
氏名ごとにボーナス
の額を求めたい

▶ 文字列の一部だけを引数［検索キー］に指定したい

　実務では、引数［検索キー］に文字列すべてを利用できないケースも多くあります。上の表のIDは「FN-269」のようにアルファベットと数字で構成されており、最初のアルファベット2文字が参照元の［コード］に対応しています。「FN」だけを引数［検索キー］に指定したい場合、参照元のデータを整えるか、関数の中でなんとかするかの2つの対処法があります。今回は、マスタデータを操作できないケースを想定し、文字列操作関数を使って関数の中で整える方法を学びましょう。

POINT :

1 | IDのアルファベット部分だけを引数 [検索キー]として使いたい

2 | 参照元のデータを整えるか、関数の 中で整える

3 | 関数の中で整えるときは文字列操 作関数で!

MOVIE :

https://dekiru.net/ytgs_309

▶ 文字列操作関数を理解する

　左の例のようなケースで文字列の一部を取り出したいときは、文字列操作関数をVLOOKUP関数に組み合わせます。文字列操作関数とは、ある文字列を違う形に変換したり、一部を取り出したりできる関数です。ここでは文字列の一部だけを取り出せるLEFT関数、RIGHT関数、MID関数を紹介します。

● 左端から何文字か取り出す

レフト
LEFT (文字列 , 文字数)

指定した引数[文字列]の先頭から引数[文字数]分の文字列を返します。

	A	B	C	D
2		ID	数式	結果
3		FN-269	=LEFT(B3,2)	FN
4		FN-173	=LEFT(B4,2)	FN
5		PR-297	=LEFT(B5,2)	PR

LEFT関数で左から2文字だけを取り出せば、部署を表す[コード]が表示される。

● 右端から何文字か取り出す

ライト
RIGHT (文字列 , 文字数)

指定した引数[文字列]の末尾から引数[文字数]分の文字列を返します。

● 指定した位置から何文字か取り出す

ミッド
MID (文字列 , 開始位置 , セグメントの長さ)

指定した引数[文字列]の引数[開始位置]から引数[セグメントの長さ]分の文字列を返します。

CHAPTER 3

スプレッドシートの「VLOOKUP関数」を使い倒す

$$= \text{VLOOKUP}(\underline{\text{LEFT}(\text{B3},2)}, \$\text{G}\$2:\$\text{I}\$5 , 3 , \text{FALSE})$$

IDの先頭2文字が取り出される

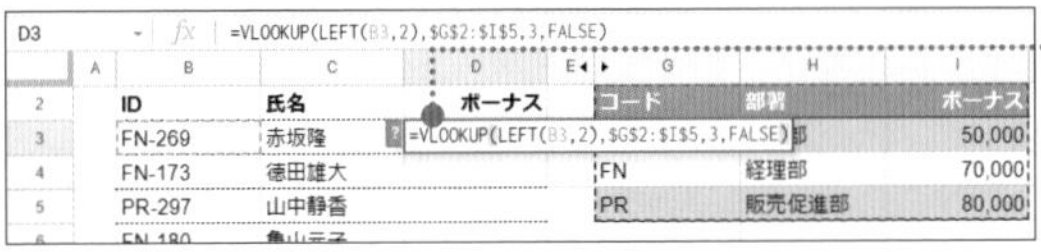

1

セルD3に上の数式を入力

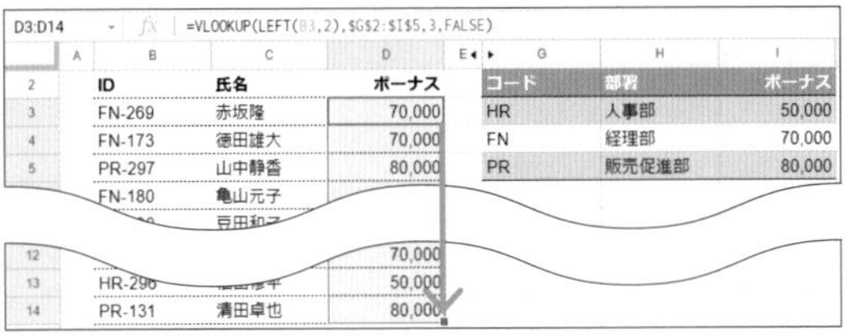

2

セルD3を下へコピー

所属する部署に応じてボーナスの金額が表示された

▶ FIND関数で取り出したい文字列の位置を調べる

　ここで、よりフレキシブルな方法を紹介します。「197-HR-AW」「2655-FN-AWC」といった文字列からアルファベット2文字の[コード]を取り出したいとします。この場合はMID関数を使って指定した位置から文字列を取り出しますが、問題なのはIDの長さが異なり引数[開始位置]にバラつきがあるという点です。これはMID関数に文字列の位置を調べられるFIND関数を組み合わせることで解決できます。「-」の位置をFIND関数で調べて、取り出したい文字列の開始位置を求めます。

● 文字列の位置を調べる

ファインド
FIND（検索文字列, 検索対象のテキスト, 開始位置）

大文字小文字を区別して、引数[検索文字列]が引数[検索対象のテキスト]内で最初に現れる位置を返します。引数[開始位置]で検索を開始する文字位置を指定します。引数[開始位置]は省略すると「1」とみなされます。

◉ 何文字目に最初の「 - 」があるか調べる

= FIND ("-", B3)

	A	B	C	D	E
2		**ID**	**氏名**	**「-」の位置**	
3		197-HR-AW	赤坂隆	4	
4		157-FN-AWY	徳田雄大	4	

IDのなかで最初に現れる「 - 」の位置を求められた

=FIND ("-",B3)　　　　=FIND ("-",B4)

[開始位置の指定例（図表3-02）]

1 9 7 × **H R** - A W
1 2 3 4 5 6 ⑦ 8 9

引数［開始位置］より前の部分は検索されません。この例で開始位置を「5」にした場合は、4文字目の「 - 」は含まずに検索するため、「7」が返ってきます。

◉ MID関数と組み合わせて特定の文字列を取り出す

= MID (B3 , FIND ("-", B3) + 1,2)

文字列　　　　　　開始位置　　　　セグメントの長さ

「 - 」の1つ後から始まるアルファベットが欲しいので「1」を足します。

	A	B	C	D	E
2		**ID**	**氏名**	**コード**	
3		197-HR-AW	赤坂隆	HR	
4		157-FN-AWY	徳田雄大	FN	

IDから最初の「 - 」に続くアルファベット2文字を取り出せた

=MID (B3,FIND ("-",B3) +1,2)　　　[=MID (B4,FIND ("-",B4) +1,2)

このMID関数をVLOOKUP関数の引数［検索キー］に指定すれば、アルファベット2文字の［コード］で検索をかけて、所属する部署に応じたボーナスの金額を表示できます。

10

COUNTIF

重複するデータに番号を振って ユニークなデータに置き換える

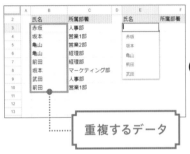

重複するデータ

ユニークなデータ

「坂本」「亀山」というデータが2つず つある場合、引数［検索キー］が重複 してしまい、VLOOKUP関数でうまく データを取り出せない

「坂本1」「坂本2」「亀山1」「亀山2」と 番号を振っているので、別のデータと して認識されている

▶ VLOOKUP関数は重複データにうまく対応できない

　スプレッドシートで使いたいデータが、きれいに整った状態であることは ほとんどありません。たとえばマスタデータに同一のIDが複数存在してい るようなことはよくあります。この場合、ただの重複データであれば片方を 削除すればよいですが、別のデータとして扱いたいときは注意が必要です。 VLOOKUP関数は、引数［範囲］の左端列に同一の引数［検索キー］が複数ある 場合、常に上にあるデータを取り出し、下にあるデータを無視するからです。 これでは永遠にそのデータを取り出せません。この問題を防ぐため、重複 データをユニークなデータに変えましょう。

POINT :

1 | VLOOKUP関数では重複したデータはうまく取り出せない

2 | 重複データに番号を振ってユニークなデータを作る

3 | COUNTIF関数を使って番号を振っていく

MOVIE :

https://dekiru.net/ytgs_310

▶ データが重複しているときの効率的な解決法

「坂本1」「坂本2」というふうに重複データに番号を振り、ユニークなIDにしていきます。使うのは条件に一致するデータの個数を求めるCOUNTIF関数です。COUNTIF関数を使えば、重複データにユニークな番号を振ることができます。ユニークなIDを作るには手順は以下の3ステップを踏む必要があります。

1. ユニークなIDを作成する[ID]列と番号を振る[作業]列を新規作成
2. COUNTIF関数を使って[作業]列に番号を入力
3. [ID]列に「(名前) + (番号)」のユニークなIDを作る

	A	B	C	D	E	F	G	H
2		ID	氏名	作業	所属部署		氏名	所属部署
3			赤坂		人事部			
4			坂本		営業1部			
5			亀山		営業2部			
6			亀山		経理部			
7			前田		経理部			
8			坂本		マーケティング部			
9			武田		人事部			
10			前田		営業1部			

[ID] 列
「(氏名)+(番号)」のユニークなIDを作る

[作業] 列
重複するデータに番号を振る

COUNTIF関数を使う前に、[ID]列と[作業]列をあらかじめ追加しておきましょう。[氏名]列全体を選択し、右クリック→[1列を左に挿入]で[ID]列を、[1列を右に挿入]で[作業]列を追加します。

条件に一致するデータの個数を求める

> カウントイフ
> COUNTIF(範囲,条件)

引数［範囲］の中に引数［条件］を満たすセルがいくつあるか求める。

〈 数式の入力例 〉

$$= \text{COUNTIF}(\underset{\textbf{❶}}{\$C\$3{:}C3}, \underset{\textbf{❷}}{C3})$$

〈 引数の役割 〉

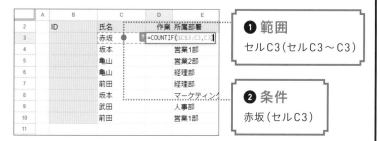

❶ 範囲
セルC3（セルC3〜C3）

❷ 条件
赤坂（セルC3）

セルC3には「赤坂」を満たすセルは1つあるので「1」と返されます。ポイントは引数［範囲］を「$C$3:C3」としていることです。数式を下にコピーすると、相対参照になっている「C3」の部分のみが変化し、選択範囲が広がっていきます。

1

セルD3に「=COUNTIF（$C$3:C3,C3）」と入力して、数式を下へコピー

重複するデータに番号を振ることができた

● ユニークなIDを使って所属部署を求める

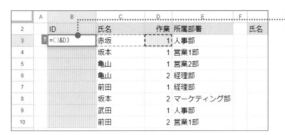

1

セルB3に「=C3&D3」
と入力

2

セルB3を下へコピー

氏名と番号を結合した
ユニークなIDが作成さ
れた

3

[ID] 列のセルB3〜
B10をデータの入力規
則としてリスト化する
（96ページを参照）

=VLOOKUP (G3,$B$2:$E$10,4,FALSE)

4

セルH3に上の数式を
入力

5

リストから「坂本2」を
選択

セルH3に「マーケティ
ング部」と表示された

11

INDEX／MATCH

より高度な検索のために覚えたい2つの関数

荷物の重さ・輸送先に応じた輸送料金を調べたい

	A	B	C	D	E	F	G	H	I
2		輸送料金表							
3									
4			韓国	ベトナム	フィジー	スペイン	ポルトガル	アメリカ	ブラジル
5		100kg	10,000	20,000	30,000	40,000	50,000	60,000	70,000
6		200kg	15,000	25,000	35,000	45,000	55,000	65,000	75,000
7		300kg	20,000	30,000	40,000	50,000	60,000	70,000	80,000
8		400kg	25,000	35,000	45,000	55,000	65,000	75,000	85,000
9		500kg	30,000	40,000	50,000	60,000	70,000	80,000	90,000
10		600kg	35,000	45,000	55,000	65,000			
11		700kg	40,000	50,000	60,000	70,000			
12									
13		輸送地		重量		料金			
14		ポルトガル ▼		200kg ▼					
15									

「ポルトガル」と「200kg」が交差するセルを取り出したい

VLOOKUP関数は垂直にデータを調べられますが、上のようなマトリクス表で行と列が交差するセルを取り出すことはできません。INDEX関数とMATCH関数を組み合わせた数式を使って求めましょう。

▶ VLOOKUPでの困りごとを解決する2つの関数

　ここまで見てきたように、VLOOKUP関数はかなり万能で、ほかの関数と組み合わせてできることがたくさんありました。しかし、VLOOKUP関数にも限界はあります。マトリクス表で縦軸と横軸の2つの条件を設定して調べたいときや、引数［検索キー］の左側にあるデータを調べたいときには、L字型にしか動くことのできないVLOOKUP関数は役に立ちません。このようなケースでは、INDEX関数とMATCH関数を使います。まずそれぞれの関数を理解してから、2つを組み合わせる方法を紹介します。

POINT :

1 | VLOOKUP 関数にも限界がある

2 | マトリクス表の行と列が交差する値
を調べることはできない

3 | 行・列双方向の検索を行うには
INDEX関数とMATCH関数を使う

MOVIE :

https://dekiru.net/ytgs_311

● 200kgの荷物をポルトガルへ送る場合の輸送料金を求める

指定した行と列が交差する値を求める

インデックス
INDEX (参照,行,列)

引数[参照]の中の引数[行]と引数[列]の位置にある値を返す。

〈 数式の入力例 〉

$$= INDEX \underset{❶}{(B4:I11}, \underset{❷}{3}, \underset{❸}{6)}$$

〈 引数の役割 〉

> ❶ 参照
> 輸送料金表(セルB4〜I11)

マトリクス表の端から数えて
3行目(200kg)と6列目(ポル
トガル)が交わるセルG6の値
(55,000)を取り出します

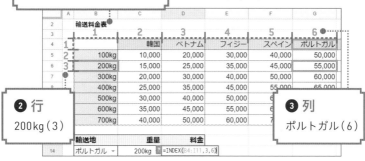

> ❷ 行
> 200kg(3)

> ❸ 列
> ポルトガル(6)

CHAPTER 3

スプレッドシートの「VLOOKUP関数」を使い倒す

125

=INDEX(B4:I11,3,6)

	A	B	C	D	E	F	G
2		輸送料金表					
3							
4			韓国	ベトナム	フィジー	スペイン	ポルトガル
5		100kg	10,000	20,000	30,000	40,000	50,000
6		200kg	15,000	25,000	35,000	45,000	55,000
7		300kg	20,000	30,000	40,000	50,000	60,000
8		400kg	25,000	35,000	45,000	55,000	65,000
9		500kg	30,000	40,000	50,000	60,000	70,000
10		600kg	35,000	45,000	55,000	65,000	75,000
11		700kg	40,000	50,000	60,000	70,000	80,000
12							
13		輸送地	重量	料金			
14		ポルトガル ▼	200kg ▼	●55,000			
15							
16							

1

セルD14に上の数式を
入力

セルG6の値が返され、
200kgの荷物をポルト
ガルへ送る場合の輸送
料金が求められた

　実務では、INDEX関数を単体で使うことほぼありません。行数と列数を変えたい場合、その都度手動で入力しなければならず面倒だからです。よりフレキシブルな数式にするために、目的のセルが何番目にあるかを求めるMATCH関数を使います。

● 「ベトナム」と「100kg」のセルの位置を求める

目的のセルが何番目にあるかを求める

マッチ
MATCH (検索キー,範囲,検索の種類)

引数[検索キー]が引数[範囲]の中の何番目にあるかを求める。
引数[範囲]の中の先頭のセルの位置を「1」として数えた値が返される。引数[検索の種類]は省略可能。省略すると近似一致であるTRUEになる。

〈 数式の入力例 〉

=MATCH (B14 , B4:I4 , FALSE)
　　　　　検索キー　　範囲　　検索の種類

セルB4〜I4の何番目に「ベトナム」(セルB14)が位置するかを求めます。

= MATCH（C16,B4:B11,FALSE）
= MATCH（C17,B4:I4,FALSE）

1

セルE 16に「=MATCH
（C16,B4:B11,FALSE）」
と入力

2

セルE 17に「=MATCH
（C17,B4:I4,FALSE）」
と入力

「100kg」と「ベトナム」
のセルの位置が求めら
れた

INDEX関数の引数［行］と引数［列］にMATCH
関数を組み込んで、荷物の重さと輸送先に応じ
て輸送料金がわかる数式を作りましょう。

● INDEX関数とMATCH関数を組み合わせる

=INDEX（B4:I11,MATCH（C14,B4:B11,
FALSE）,MATCH（B14,B4:I4,FALSE））

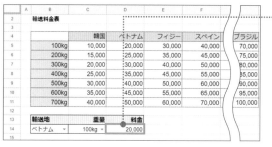

1

セルD 14に上の数式を
入力

100 kgの荷物をベトナ
ムへ送る場合の輸送料
金が求められた

私も助けられた、スプレッドシートの利便性を支えるクラウドとは？

　プロローグでも少し触れましたが、スプレッドシートはGoogleアカウントにログインできれば、どのデバイスからも同じように利用できるようになっており、特別な操作なしで共同編集も容易に行えます。

　私も多分にその恩恵を受けた一人です。2019年の夏から約1年間米国に留学していたのですが、学期末の大事なプレゼンを控える1週間前にデータをまとめていたパソコンを紛失してしまいました。当時はだいぶ冷や汗をかいたのですが、スプレッドシートで資料を作っていたおかげで、ほかのデバイスからログインし、難なくプレゼンを終えることができました。ちなみにパソコンはなぜかキャリーケースに入っており、帰国準備をしているときに気づいて驚愕したことは鮮明に覚えています。

　さて話はそれましたが、このスプレッドシートの利便性を支えているのがクラウドです。クラウドを別の何かに例えるなら、家の押し入れのようなものです。布団や収納ボックスを入れるあの押し入れに、データを入れて置くことができる場所がクラウドです。いつでもどこでも取り出せるインターネット空間にあるのが特徴で、スマートフォンやパソコンなどの機器に縛られず、さまざまなところからデータにアクセスできる点に強みがあります。

　スプレッドシート以外にも幅広くクラウドサービスは活用されています。たとえばスマートフォンで撮影した写真が自動的にPCでも閲覧できるようになるといった仕組みもクラウドで実現しています。

　同僚や友人にスプレッドシートの利点を説明する際、共同編集の機能や場所を問わず操作できる点は強くアピールできる部分だと思いますが、「なんでそんなことができるの？」と質問されたらぜひこのコラムを参考に答えてみてくださいね。

⏸ ⏭ 🔊　　　　　　　　　　　　　　　　　📷 ⚙ ⛶

人に伝わる
「アウトプット」に
落とし込む

データを
「見える化」しよう

▶ インプットしただけでは見えない情報を可視化する

データベース形式の表にデータをインプットできたら、この章で紹介する
アウトプット機能を活用してデータを見える化していきましょう。並べ替
え、フィルタ、ピボットテーブルといった機能を使いこなすことができれ
ば、大量のデータを分析するうえで役に立ちます。また、ピボットテーブル
からグラフも簡単に作成できます。グラフにすることで、数値を眺めている
だけではわからなかったデータの分布や動きが見えてくることがあります。

● 大量のデータを思いのままに表示する

並べ替え

アルファベット順、番号順、日
付順など昇順・降順に並べ替え
られる　→132ページ

フィルタ

項目ごとに条件を指定し
てデータを絞り込める
→136ページ

POINT:

1 データを入力しただけでは見えてこない事実がある

2 データの「見える化」に役立つ並べ替え、フィルタ、ピボットテーブル

3 ピボットテーブルは関数を使わずにデータを分析できる

● 関数を使わずに多角的にデータを分析する

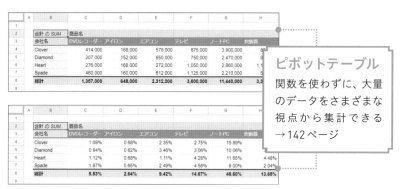

> **ピボットテーブル**
> 関数を使わずに、大量のデータをさまざまな視点から集計できる
> →142ページ

> **グラフ**
> 数値を視覚化し、伝える →158ページ

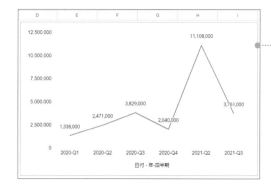

これらの機能を使うには、データベース形式の表を正しく作成できている必要があります。アウトプットとインプットは地続きだという意識を持ち、正しい入力を心がけましょう。

SHEET：402_並べ替え

分析のために、データを意味のある順番に並べ替えよう

BEFORE

	A	B	C	D	E	F
2		ID	氏名	日付	売上	商品名
3		17A314	川原樹里	2021/4/3	31,775	商品C
4		17A314	川原樹里	2021/4/4	36,089	商品C
5		20C454	大西建都	2021/4/5	21,029	商品C
6		20C454	佐山和樹	2021/4/5	52,048	商品B
7		19B656	石田大河	2021/4/5	44,322	商品B
8		65JT78	大西建都	2021/4/6	21,474	商品B
9		20C454	石田大河	2021/4/7	46,497	商品B
10		65JT78	太田圭吾	2021/4/7	29,152	商品B
11		98O65	石田大河	2021/4/8	45,896	商品B
12		65JT78	佐山和樹	2021/4/9	50,268	商品B
13		65JT78	川原樹里	2021/4/9	33,833	商品B
14		98O65	大西建都	2021/4/9	17,823	商品B
15		20C454	太田圭吾	2021/4/10	27,896	商品C
16		17A314	佐山和樹	2021/4/11	51,697	商品C
17		98O65	川原樹里	2021/4/11	37,586	商品C
18		17A314	川原樹里	2021/4/14	36,803	商品C
19		65JT78	佐山和樹	2021/4/15	49,085	商品C

AFTER

	A	B	C	D	E	F
2		ID	氏名	日付	売上	商品名
3		65JT78	佐山和樹	2021/5/9	56,882	商品A
4		19B656	佐山和樹	2021/5/11	56,664	商品A
5		17A314	佐山和樹	2021/8/25	55,610	商品A
6		17A314	佐山和樹	2021/4/23	55,533	商品A
7		17A314	佐山和樹	2021/5/4	55,369	商品A
8		98O65	佐山和樹	2021/9/15	54,000	商品A
9		17A314	佐山和樹	2021/6/7	53,690	商品A
10		98O65	佐山和樹	2021/7/28	52,919	商品A
11		65JT78	佐山和樹	2021/6/12	52,156	商品A
12		17A314	佐山和樹	2021/8/16	51,921	商品A
13		20C454	佐山和樹	2021/6/4	51,189	商品A
14		65JT78	佐山和樹	2021/4/19	50,919	商品A
15		20C454	佐山和樹	2021/5/14	50,056	商品A
16		20C454	佐山和樹	2021/9/17	49,464	商品A
17		98O65	佐山和樹	2021/8/31	49,209	商品A
18		20C454	佐山和樹	2021/8/24	48,999	商品A
19		17A314	佐山和樹	2021/10/12	48,817	商品A

［商品名］をアルファベット順（昇順）に並べ、次に［売上］を大きい順（降順）に並べたい

［並べ替え］機能を使って、複数条件を設定してデータを並べ替えることができた

▶ 不規則に並んでいるデータを規則的に並べ替える

スプレッドシートには、データを規則的に並べ替えることのできる［並べ替え］機能があります。並べ替え方は大きく分けて昇順と降順の2つがあり、昇順を選択すると、アルファベットであれば「A→Z」、50音であれば「あ→ん」、数字は小さい順、日付は古い順になります。降順はこの逆です。蓄積したデータを異なる条件で並べ替えることで、新たな側面が見えてくることも多いです。ここでは、取引履歴の表を適切な順番に並べ替えてみましょう。

1 データの順番には必ず規則性をもたせる

2 複数条件での並べ替えも可能

3 漢字を並べ替えるときはひと工夫加える

https://dekiru.net/ytgs_402

● 商品名をアルファベット順に並べる

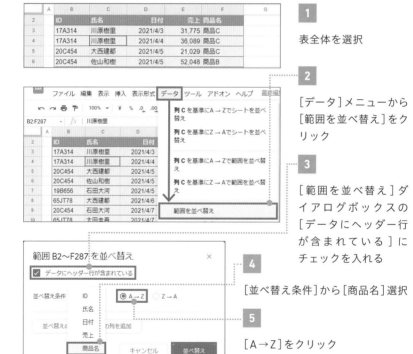

1

表全体を選択

2

[データ]メニューから[範囲を並べ替え]をクリック

3

[範囲を並べ替え]ダイアログボックスの[データにヘッダー行が含まれている]にチェックを入れる

4

[並べ替え条件]から[商品名]選択

5

[A→Z]をクリック

6

[並べ替え]をクリック

表全体を選択するには、表内のセルを選択して Ctrl （ ⌘ ）＋ A キーを押します。

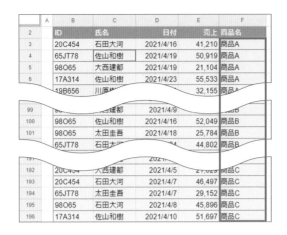

商品A→B→Cの順番で並べ替えることができた

CHECK!

データベース形式の表を並べ替えるときは[範囲を並べ替え]以外の機能は使いません。見出し部分も並べ替えに含まれたり、ある列のみ並べ替えが行われたり、思い通りの結果にならないことがあるからです。

● [商品名]と[売上]の複数条件で並べ替える

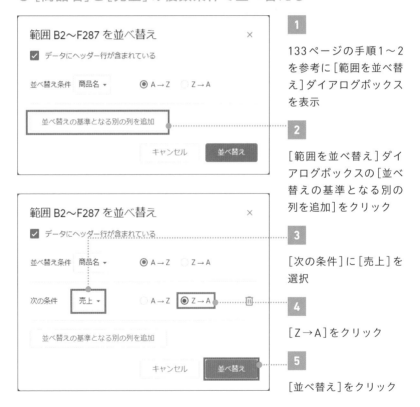

1

133ページの手順1〜2を参考に[範囲を並べ替え]ダイアログボックスを表示

2

[範囲を並べ替え]ダイアログボックスの[並べ替えの基準となる別の列を追加]をクリック

3

[次の条件]に[売上]を選択

4

[Z→A]をクリック

5

[並べ替え]をクリック

	A	B	C	D	E	F
2		ID	氏名	日付	売上	商品名
3		65JT78	佐山和樹	2021/5/9	56,882	商品A
4		19B656	佐山和樹	2021/5/11	56,664	商品A
5		17A314	佐山和樹	2021/8/25	55,610	商品A
6		17A314	佐山和樹	2021/4/23	55,533	商品A
7		17A314	佐山和樹	2021/5/4	55,369	商品A
8		98O65	佐山和樹	2021/9/15	54,000	商品A
9		17A314	佐山和樹	2021/6/7	53,690	商品A
10		98O65	佐山和樹	2021/7/28	52,919	商品A
11		65JT78	佐山和樹	2021/6/12	52,156	商品A

商品名ごとに売上が高い順にデータを並べ替えることができた

まずは商品名で並べ替えておいて、その後に商品名ごとに売上が高い順に並べ替えました。それぞれのデータをどのように扱うか、優先順位を考えたうえで順番を指定しましょう。

▶ 漢字の並べ替えはスプレッドシートではできない

今回のデータベース表において、[氏名]を昇順で並べ替えると石田さんが一番上になりそうですが、実際にやってみると佐山さんが一番上になり、思っていた順番にはなりません。漢字を平仮名やカタカナで認識したり、PHONETIC関数で振り仮名を付ける、といったExcelの操作はスプレッドシートではできないのです。

漢字のデータをスプレッドシートで並べ替えたいときは、隣の列にふりがなを入力し、並べ替えの条件に指定します。

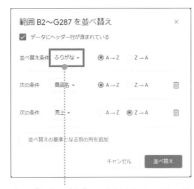

表に[ふりがな]の列を追加し、並べ替えの条件に設定した

[氏名]を50音順に並べ替えることができた

SHEET : 403_フィルタ／SUBTOTAL

欲しい情報だけを 絞り込んで表示しよう

BEFORE

	A	B	C	D	E	F
3	ID	氏名	日付	売上	商品名	
4	17A314	太田圭吾	2021/4/3	48,798	商品C	
5	17A314	太田圭吾	2021/4/4	33,243	商品A	
6	20C454	大西建都	2021/4/5	14,036	商品B	
7	20C454	大西建都	2021/4/5	56,143	商品A	
8	19B656	石田大河	2021/4/5	23,042	商品B	
9	65JT78	佐山和樹	2021/4/6	20,052	商品B	
10	20C454	大西建都	2021/4/7	31,722	商品A	
11	65JT78	佐山和樹	2021/4/7	29,778	商品C	
12	98O65	川原樹里	2021/4/8	32,015	商品C	

マスタデータから「商品名」「売上」の
複数条件でデータを絞り込みたい。

AFTER

	A	B	C	D	E	F
3	ID	氏名	日付	売上	商品名	
7	20C454	大西建都	2021/4/5	56,143	商品A	
51	65JT78	佐山和樹	2021/5/10	57,848	商品A	
134	65JT78	佐山和樹	2021/7/6	55,895	商品A	
161	17A314	太田圭吾	2021/7/24	59,766	商品A	
172	98O65	川原樹里	2021/7/30	55,075	商品A	
222	20C454	大西建都	2021/9/6	56,178	商品A	
285	17A314	太田圭吾	2021/10/28	55,916	商品A	
286	19B656	石田大河	2021/10/28	55,587	商品A	

［商品名］に［商品A］、［売上］に［5万
5千円以上］のフィルタをかけ、データ
を抽出できた。

▶ 大量のデータを瞬時に調べるには、フィルタ機能を使う

　大量のデータから特定の条件に合致するデータのみを抽出したいとき、
フィルタ機能が役に立ちます。フィルタ機能は、あらかじめデータベースに
フィルタボタンを設定しておくだけで、条件を満たすデータを瞬時に調べら
れる便利な機能です。「商品名」と「売上」のように、複数の条件を指定して
データを絞り込むこともできます。

> データベースの周囲の行と列が空白に
> なっていないとフィルタボタンがうまく設
> 定できないので注意しましょう。

POINT :

1 特定の条件を満たすデータを取り出すにはフィルタ機能を使う

2 よく使うフィルタはショートカットに登録しておくと便利

3 絞り込み後のデータの計算には SUBTOTAL関数を使う

MOVIE :

https://dekiru.net/ytgs_403

● フィルタを設定する

1

表内を選択

2

[フィルタを作成] ▼
をクリック

	A	B	C	D	E	F	G
2							
3	ID	氏名	日付	売上	商品名		
4	17A314	太田圭吾	2021/4/3	48,798	商品C		
5	17A314	太田圭吾	2021/4/4	33,243	商品A		
6	20C454	大西建都	2021/4/5	14,036	商品B		

> フィルタボタン

表の見出しに
フィルタボタン
が表示された

● [商品A]だけを抽出する

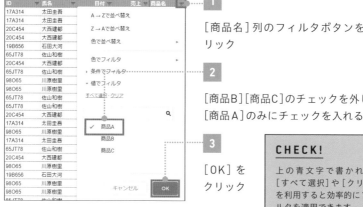

1

[商品名]列のフィルタボタンをクリック

2

[商品B][商品C]のチェックを外し、
[商品A]のみにチェックを入れる

3

[OK]を
クリック

CHECK!

上の青文字で書かれた、
[すべて選択]や[クリア]
を利用すると効率的にフィルタを適用できます。

	A	B	C	D	E	F
2						
3	ID ▼	氏名 ▼	日付 ▼	売上 ▼	商品名 ▼
5	17A314	太田圭吾	2021/4/4	33,243	商品A
7	20C454	大西建都	2021/4/5	56,143	商品A
9	65JT78	佐山和樹	2021/4/6	20,052	商品A
10	20C454	大西建都	2021/4/7	31,722	商品A
14	65JT78	佐山和樹	2021/4/9	19,065	商品A
15	65JT78	佐山和樹	2021/4/9	21,976	商品A
21	20C454	大西建都	2021/4/16	12,913	商品A

［商品A］のデータのみ
が抽出された

CHECK!

条件が設定されるとフィ
ルタボタンの形が ▼ に
変わります。

● ［商品A］かつ［売上］が55,000円以上のデータを抽出する

続けて［売上］が55,000円以上の条件を設定します。

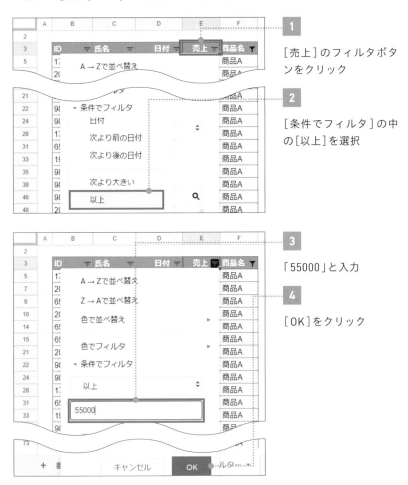

1

［売上］のフィルタボタ
ンをクリック

2

［条件でフィルタ］の中
の［以上］を選択

3

「55000」と入力

4

［OK］をクリック

138

	A	B	C	D	E	F
2						
3	ID	氏名	日付	売上	商品名	
7	20C454	大西建都	2021/4/5	56,143	商品A	
51	65JT78	佐山和樹	2021/5/10	57,848	商品A	
134	65JT78	佐山和樹	2021/7/6	55,895	商品A	
161	17A314	太田圭吾	2021/7/24	59,766	商品A	
172	98O65	川原樹里	2021/7/30	55,075	商品A	
222	20C454	大西建都	2021/9/6	56,178	商品A	
285	17A314	太田圭吾	2021/10/28	55,916	商品A	

[売上]が55,000円以上の[商品A]のデータのみが抽出された

● よく使うフィルタの条件をショートカットに登録する

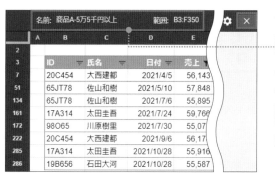

1

[フィルタを作成]の▼([フィルタを表示])をクリック

2

[フィルタ表示として保存]をクリック

黒い枠が表示された

3

わかりやすい[名前]と広めの[範囲]を設定

4

[×]をクリック

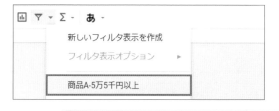

登録したショートカットは[フィルタ表示]からアクセスできます

データの増減に対応するために、あらかじめ[範囲]を広めに設定しておきましょう。

人に伝わる「アウトプット」に落とし込む

　データを絞り込んで、表示されたデータだけを計算したいとき、単に
AVARAGEやSUMといった関数を使うだけでは変更がうまく反映されませ
ん。フィルタで商品Aのみを抽出しても、あくまでBとCを非表示にしてい
るだけで、総数は変わっていないからです。そんなときはSUBTOTAL関数
を使えば、フィルタをかけた状態で計算を行えます。

フィルタで絞り込んだデータを集計する

SUBTOTAL (関数コード, 範囲1, 範囲2,…)
（サブトータル）

指定した関数コードを使用して、セルの垂直範囲の集計値を返す。

〈 数式の入力例 〉

セルE7〜E291の値の個数を求めたい。

$$= \textbf{SUBTOTAL} \, (\underset{\textbf{❶}}{\underline{3}}, \, \underset{\textbf{❷}}{\underline{\textbf{E7:E291}}})$$

〈 引数の役割 〉

[**関数コード一覧表**（図表4-01）]

> **❶ 関数コード**
> SUBTOTAL関数に組み込める関数を数字で表したもの。
> 関数コード1〜11には以下の関数が対応している。

関数コード	関数	関数の説明
1	AVARAGE	値の平均値
2	COUNT	数値が入力されているセルの個数
3	COUNTA	空白セル以外のセルの個数
4	MAX	最大値
5	MIN	最小値
6	PRODUCT	掛け算した積値

7	STDEV	標本に基づいて標準偏差を計算
8	STDEVP	母集団全体に基づいて標準偏差を計算
9	SUM	数値の合計
10	VAR	標本に基づいて分散を計算
11	VARP	母集団全体に基づいて分散を計算

	A	B	C	D	E	F	G
2					売上総数	=SUBTOTAL(3,E7:E291)	
3					合計額		
4					平均額		
5							
6	ID	氏名	日付	売上	商品名		
7	17A314	太田圭吾	2021/4/3	48,798	商品C	
8	17A314	太田圭吾	2021/4/4	33,243	商品A	
9	20C454	大西建都	2021/4/5	14,036	商品B	

❷ 範囲1
セルE7～E291

▶ 売上総数、売上合計額、売上平均額をSUBTOTAL関数で求める

= SUBTOTAL (3,E7:E291) ……売上総数
= SUBTOTAL (9,E7:E291) ……売上合計額
= SUBTOTAL (1,E7:E291) ……売上平均額

	A	B	C	D	E	F
2					売上総数	285
3					合計額	9521521
4					平均額	33408.8456
5						
6	ID	氏名	日付	売上	商品名	
7	17A314	太田圭吾	2021/4/3	48,798	商品C	
8	17A314	太田圭吾	2021/4/4	33,243	商品A	
9	20C454	大西建都	2021/4/5	14,036	商品B	
10	20C454	大西建都	2021/4/5	56,143	商品A	
11	19B656	石田大河	2021/4/5	23,042	商品B	
12	65JT78	佐山和樹	2021/4/6	20,052	商品A	

1

上の数式をそれぞれセル F2、F3、F4に入力

2

マスタデータ全体の売上総数、売上合計額、売上平均額が求められた

名前: 商品A-5万5千円以上　　　範囲: B6:F352

	A	B	C	D	E	F
2					売上総数	8
3					合計額	452408
4					平均額	56551
5						
6	ID	氏名	日付	売上	商品名	
10	20C454	大西建都	2021/4/5	56,143	商品A	
54	65JT78	佐山和樹	2021/5/10	57,848	商品A	
137	65JT78	佐山和樹	2021/7/6	55,895	商品A	
164	17A314	太田圭吾	2021/7/24	59,766	商品A	
175	98O65	川原樹里	2021/7/30	55,075	商品A	
225	20C454	大西建都	2021/9/6	56,178	商品A	

3

[フィルタ表示]から[商品A-5万5千円以上]を選択

「[売上]が55,000円以上の[商品A]」でフィルタをかけた場合の売上総額、売上合計額、売上平均額が表示された

大量のデータを一瞬で
分析できるピボットテーブル

▶ ピボットテーブルでアウトプットが断然はかどる！

　ピボットテーブルとは、データベースを多様な切り口で分析できる機能です。なんと、複雑な数式を入力せずにマウス操作だけで簡単にさまざまな集計表が作れてしまいます。多角的にデータを分析する必要があるビジネスの現場で、この機能を使わない手はありません。

　ここではまず、ピボットテーブルでどんな集計表が作れるのかを確認しておきましょう。

	A	B	C	D	E	F	G	H	I
1									
2		**日付**	**会社名**	**地域**	**商品CD**	**商品名**	**価格**	**数量**	**合計**
3		2021/04/02	Diamond	中国	KJ67	掃除機	23,000	2	46,000
4		2021/04/03	Clover	北陸	LP090	アイロン	8,000	2	16,000
5		2021/04/03	Clover	九州	FG560	テレビ	75,000	2	150,000
6		2021/04/08	Spade	四国	ACD122	ノートPC	130,000	2	260,000
7		2021/04/09	Diamond	九州	KJ67	掃除機	23,000	1	23,000
8		2021/04/09	Spade	関西	LP090	アイロン	8,000	2	16,000
9		2021/04/10	Spade	四国	QS120	エアコン	34,000	1	34,000
10		2021/04/11	Diamond	関東	KJ67	掃除機	23,000	1	23,000
11		2021/04/11	Heart	関東	D234	炊飯器	50,000	3	150,000
12		2021/04/11	Diamond	北海道	ACD122	ノートPC	130,000	3	390,000
13		2021/04/13	Spade	北陸	D234	炊飯器	50,000	1	50,000
14		2021/04/13	Heart	中部	D234	炊飯器	50,000	1	50,000
15		2021/04/14	Heart	四国	ACD122	ノートPC	130,000	2	260,000
16		2021/04/14	Clover	中国	QS120	エアコン	34,000	3	102,000
17		2021/04/14	Spade	北海道	PI078	DVDレコーダー	23,000	1	23,000
18		2021/04/16	Diamond	中国	D234	炊飯器	50,000	3	150,000
19		2021/04/18	Diamond	四国	ACD122	ノートPC	130,000	3	390,000

ピボットテーブルを使うと、上のような1つのデータベースから右ページのようなさまざまな集計表が簡単に作れます。

POINT :

1 大量のデータをあらゆる視点から分析できる

2 数式や関数は不要！

3 データベース形式の表であることが条件

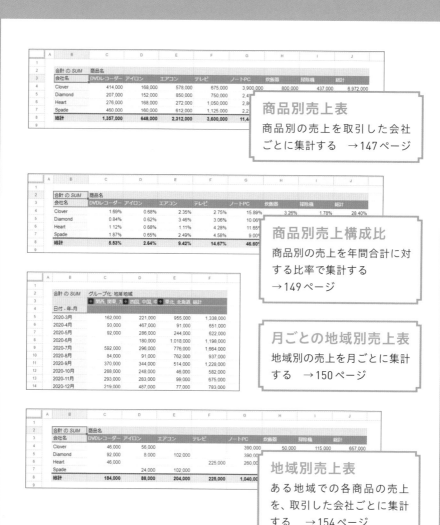

商品別売上表
商品別の売上を取引した会社ごとに集計する　→147ページ

商品別売上構成比
商品別の売上を年間合計に対する比率で集計する
→149ページ

月ごとの地域別売上表
地域別の売上を月ごとに集計する　→150ページ

地域別売上表
ある地域での各商品の売上を、取引した会社ごとに集計する　→154ページ

データをあらゆる
視点から分析しよう

ピボットテーブルを使ってデータを集計しよう

	A	B	C	D	E	F	G	H	I	J
1										
2		合計 の SUM	商品名							
3		会社名	DVDレコーダー	アイロン	エアコン	テレビ	ノートPC	炊飯器	掃除機	総計
4		Clover	414,000	168,000	578,000	675,000	3,900,000	800,000	437,000	6,972,000
5		Diamond	207,000	152,000	850,000	750,000	2,470,000	950,000	460,000	5,839,000
6		Heart	276,000	168,000	272,000	1,050,000	2,860,000	1,100,000	690,000	6,416,000
7		Spade	460,000	160,000	612,000	1,125,000	2,210,000	500,000	253,000	5,320,000
8		総計	1,357,000	648,000	2,312,000	3,600,000	11,440,000	3,350,000	1,840,000	24,547,000
9										

各社にどの商品がどれだけ売れたか、合計金額で表示する

	A	B	C	D	E	F	G	H	I	J
1										
2		合計 の SUM	商品名							
3		会社名	DVDレコーダー	アイロン	エアコン	テレビ	ノートPC	炊飯器	掃除機	総計
4		Clover	1.69%	0.68%	2.35%	2.75%	15.89%	3.26%	1.78%	28.40%
5		Diamond	0.84%	0.62%	3.46%	3.06%	10.06%	3.87%	1.87%	23.79%
6		Heart	1.12%	0.68%	1.11%	4.28%	11.65%	4.48%	2.81%	26.14%
7		Spade	1.87%	0.65%	2.49%	4.58%	9.00%	2.04%	1.03%	21.67%
8		総計	5.53%	2.64%	9.42%	14.67%	46.60%	13.65%	7.50%	100.00%
9										

各社への商品ごとの売上金額を年間合計に対する比率で集計する

▶ クリックするだけで簡単にデータを分析できる

　ピボットテーブルを使えば、関数や数式を使わず数回のクリックだけで詳細なデータ分析ができます。元のデータベース（マスタデータ）にある見出しを、ピボットテーブルエディタの［行］［列］［値］［フィルタ］の項目に配置するだけです。

　ピボットテーブルを作るうえで大事なのは、データベースの表を崩さずにきれいに保っておくことです。それさえ気をつけておけば、自分好みのデータ分析がマウス操作だけでできます。「ピボットテーブルは難しい」と構えず、まずはクリックして試してみることから始めましょう。

MOVIE :

https://dekiru.net/ytgs_405

● 新しいシートにピボットテーブルを作る

　ピボットテーブルはデータベースとは別のシートに作成します。ピボット テーブルのためのシートを用意していない場合、ピボットテーブルを作成す る段階で新しいシートも作成します。

1

表内を選択

2

[データ]→[ピボット テーブル]をクリック

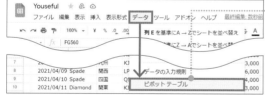

[ピボットテーブルの作成]ダイアログ ボックスが表示された

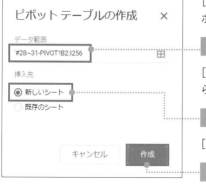

3

[データ範囲]でデータベースの始点か ら終点まで選択できていることを確認

4

[挿入先]で[新しいシート]を選択

5

[作成]をクリック

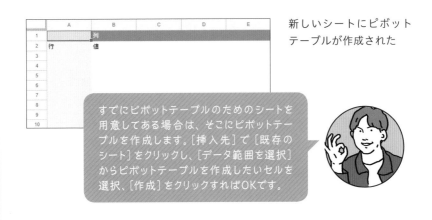

新しいシートにピボット
テーブルが作成された

> すでにピボットテーブルのためのシートを
> 用意してある場合は、そこにピボットテー
> ブルを作成します。[挿入先]で[既存の
> シート]をクリックし、[データ範囲を選択]
> からピボットテーブルを作成したいセルを
> 選択、[作成]をクリックすればOKです。

▶ ピボットテーブルエディタを理解する

ピボットテーブルが作成されると、画面右端に[ピボットテーブルエディ
タ]が表示されます。このピボットテーブルエディタから集計したい項目を
選んだり、集計の方法を変更したりします。

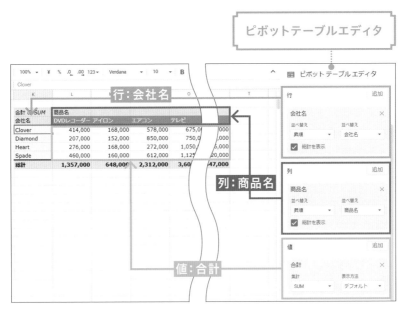

ピボットテーブルエディタから集計したい項目を選択して行や列に配置すると
自動的にピボットテーブルが作成されます。

● 各社への売上合計を商品ごとに表示する

　ピボットテーブルは、データをいろいろな切り口で集計したり、可視化したりする機能です。テーブルと名のつく通り、行と列で構成された表形式になっています。たとえば会社名ごとの各商品の売上金額の合計を出したい場合は、ピボットテーブルの「行」に会社名、「列」に商品名を指定して、あとは集計方法として合計を指定します。まずは実際にピボットテーブルを作ってみましょう。

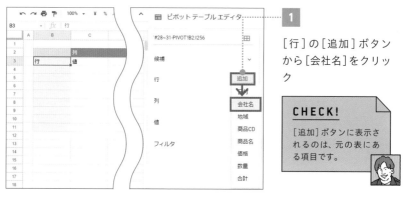

1

[行]の[追加]ボタンから[会社名]をクリック

CHECK!

[追加]ボタンに表示されるのは、元の表にある項目です。

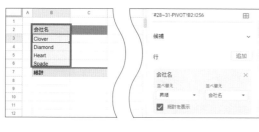

テーブルの行が会社名になった

次に、列に項目を追加する

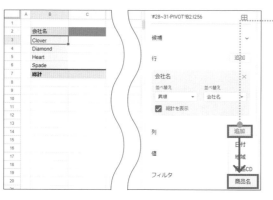

2

[列]の[追加]ボタンから[商品名]をクリック

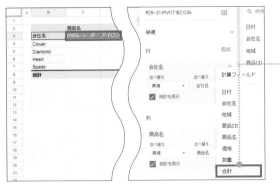

列が商品名になった

次に、値を指定する

3

[値]の[追加]ボタンから[合計]をクリック

合計金額が会社別・商品別で表示された

● 各社への商品ごとの売上金額を地域で分けて表示する

続けて[行]に[地域]を追加してみましょう。ピボットテーブルはあとから集計したい項目を追加できるので、さまざまな角度から簡単に集計できます。

1

[行]の[追加]ボタンから[地域]をクリック

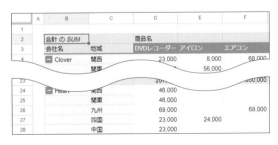

各社の商品ごとの売上金額を地域で分けて表示できた

▶ 集計方法は目的に応じて選べる

ピボットテーブルでは、さまざまな集計方法を選択できます。集計方法は[値]の[集計]から変更できます。たとえば金額ではなく個数を集計したい場合は、[集計]から[COUNTA]を選択します。ここでは各社への商品ごとの売上件数を表示してみましょう。

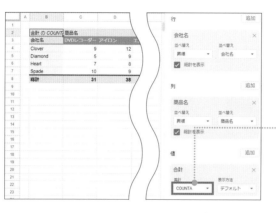

1

147〜148ページの手順1〜3を参考に各社への商品ごとの売上金額を表示しておく

2

[合計]の集計方法を[COUNTA]に変更

商品ごとの売上個数を表示できた

▶ 表示形式を変更して割合を求める

[値]では集計の表示方法を指定できます。[集計]で関数名を選び、[表示方法]から[デフォルト]を選ぶと、その関数の計算結果がそのまま表示されます。[表示方法]には[デフォルト]のほか、割合も指定できます。

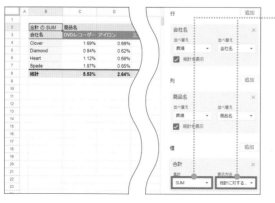

1

集計方法を[SUM]、[表示方法]を[総計に対する割合]に変更

商品ごとの売上を年間合計に対する比率で表示できた

人に伝わる「アウトプット」に落とし込む

SHEET： 406_グループごとの集計

「月ごと」や「四半期ごと」の
データもすぐに集計できる

BEFORE

	A	B	C	D
1				
2		合計 の SUM	地域	
3		日付	関西	関東
4		2020/03/02		
5		2020/03/06		
6		2020/03/07		24,000
7		2020/03/12		
8		2020/03/13		
9		2020/03/14		69,000
10		2020/03/20		
11		2020/03/26		
12		2020/03/27		
13		2020/03/2		
14		2020/03/2		

月ごとの推移を
知りたい

AFTER

	A	B	C	D
1				
2		合計 の SUM	地域	
3		日付 - 年.月	関西	関東
4		2020-3月		93,000
5		2020-4月	23,000	70,000
6		2020-5月	92,000	
7		2020-6月		
8		2020-7月	100,000	424,000
9		2020-8月		50,000
10		2020-9月	24,000	
11		2020-10月	197,000	91,000
12		2020-11月	60,000	
13		2020-		
14		2021-		

月ごとにグループ化
して集計できた

▶ 日付をグループ化してデータの推移を見てみよう

　ピボットテーブルで日付を月ごとや年ごとにまとめたり、都道府県データを地域ごとにまとめたりすることを、「グループ化」と呼びます。たとえばデータベース内のデータが日付ごとに表示されていると、ピボットテーブル作成時にデータが日付ごとに集計されます。データを分析する際、「月ごと」「年ごと」で集計したほうがわかりやすい場合は、グループ化を行いましょう。グループ化の手順を覚えておくと、「月」「日」で短期間の推移を、「年」「四半期」で長期間の推移を確認できるなど、データ分析の幅が広がります。

[値] の [表示形式] を変更する際はピボットテーブルエディタから行いましたが、日付については操作が異なるので注意しましょう。

POINT :

1 | 日付データは月や四半期、年単位に変更できる

2 | 「年 - 月」「年 - 四半期」で長期的な推移をチェック

3 | 地域など日付以外の要素もグループ化できる

MOVIE :

https://dekiru.net/ytgs_406

● 日付データを月ごとに集計する

147〜148ページの手順1〜3を参考に、ピボットテーブルの[行]を[日付]に、[列]を[地域]に、[値]を[合計]に設定しておきます。

1

日付のセルを右クリック

2

[ピボット日付グループを作成]→[年 - 月]をクリック

日付データを月ごとに集計できた

[年 - 月]は何年の何月、という分け方をするので、2020年4月のデータと2021年4月のデータは別の行に集計されます。[月]はすべてのデータを月ごとに分けるので、2020年4月のデータと2021年4月のデータが同じ「4月」の行に表示されます。売り上げの推移を知りたい場合などは[年 - 月]を選びましょう。

● 日付データを四半期ごとに集計する

続けて、四半期ごとに日付データをグループ化していきます。

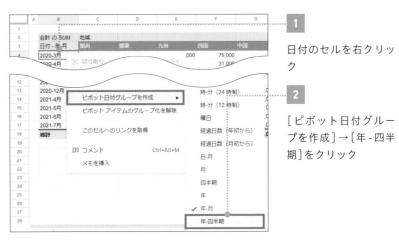

1

日付のセルを右クリック

2

[ピボット日付グループを作成]→[年-四半期]をクリック

	A	B	C	D	E
1					
2		合計 の SUM	地域		
3		日付 - 年-四半期	関西	関東	九州	四
4		2020-Q1		93,000	69,000
5		2020-Q2	115,000	70,000	
6		2020-Q3	124,000	474,000	448,000
7		2020-Q4	340,000	235,000	225,000
8		2021-Q2	786,000	1,022,000	928,000
9		2021-Q3	230,000	692,000	778,000
10		総計	1,595,000	2,586,000	2,448,000
11					
12					

日付データを四半期ごとに集計できた

CHECK!

日付ごとのシートに戻したいときは再度日付のセルを右クリック→[ピボットテーブルのグループ化を解除]を選択します。

▶ 日付以外のさまざまな要素をグループ化する

スプレッドシートでは、日付以外のデータのグループ化も可能です。たとえば国や都道府県のデータを地域別にグループ化すれば、地域ごとの売上データにどんな特色があるのかを分析するのに役立ちます。ここでは3つの地域を1つのグループとしてまとめてみましょう。

◉ 3つの地域を1つのグループとしてまとめる

151ページの手順1〜2を参考に、日付データを[年 - 月]でグループ化しておきます。

1

[関西][関東][九州]を選択して右クリック

2

[ピボットグループを作成]を選択

3つの地域をグループ化できた

3

[四国][中国][中部]、[東北][北海道][北陸]にも同じ操作を行う

3つのグループを作成できた

4

各グループの[-]ボタンをクリックすることで、各地域の内訳を非表示にし、グループの合計だけを表示できる

グループごとにデータを集計できた

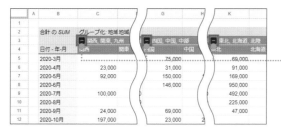

07

フィルタ／
スライサー

地域ごとの売上表を
瞬時に作る

売上データを地域で絞り込んで集計したい

全国の商品別の
売上データ

	A	B	C	D	E		
1							
2		合計 の SUM	商品名				
3		会社名	DVDレコーダー	アイロン	エアコン	テレビ	ノートPC	炊飯器
4		Clover	414,000	168,000	578,000	675,000	3,900,000	800,000
5		Diamond	207,000	152,000	850,000	750,000	2,470,000	950,000
6		Heart	276,000	168,000	272,000	1,050,000	2,860,000	1,100,000
7		Spade	460,000	160,000	612,000	1,125,000	2,210,000	500,000
8		総計	1,357,000	648,000	2,312,000	3,600,000	11,440,000	3,350,000

関東での商品別の
売上データ

	A	B	C	D	E		
1							
2		合計 の SUM	商品名				
3		会社名	DVDレコーダー	アイロン	エアコン	テレビ	ノートPC	炊飯器
4		Clover	46,000	56,000			390,000	50,000
5		Diamond	92,000	8,000	102,000		390,000	150,000
6		Heart	46,000			225,000	260,000	250,000
7		Spade		24,000	102,000			50,000
8		総計	184,000	88,000	204,000	225,000	1,040,000	500,000

▶ 絞り込むだけじゃない！ピボットテーブルのフィルタ機能

　144ページのレッスン5ではピボットテーブルの行に[地域]を追加して集計しました。その結果、会社ごとに各地域での商品別売上合計が集計できました。それに対してここではフィルタ機能を使うことで、[関東]や[関西]など、指定した地域での商品別売上合計のみを集計し、表示します。さらに、フィルタ機能で絞り込みを行った後、地域ごとの売上の内訳を新しいシートに展開することも可能です。

POINT :

1 | 特定の項目で絞り込みたいときは
  | [フィルタ]を使う

2 | セルのダブルクリックで詳細なデー
  | タを新しいシートに展開できる

3 | スライサーで瞬時にデータを絞り込
  | む

MOVIE :

https://dekiru.net/ytgs_407

● [地域]のフィルタを設定する

147〜148ページの手順1〜3を参考に、ピボットテーブルの[行]を[会社名]に、[列]を[商品名]に、[値]を[売上]に設定しておきます。

1

ピボットテーブルエディタの[フィルタ]の[追加]から[地域]を選択

2

[関東]だけにチェックを入れる

3

[OK]をクリック

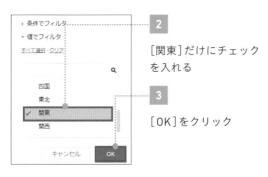

	A	B	C	D		H	I	J
1								
2		合計 の SUM	商品名					
3		会社名	DVDレコーダー	アイロン	掃除機	掃除機	総計	
4		Clover	46,000	5		50,000	115,000	657,000
5		Diamond	92,000			150,000	92,000	834,000
6		Heart	46,000			250,000	69,000	850,000
7		Spade		24		50,000	69,000	245,000
8		総計	184,000	88,		500,000	345,000	2,586,000

関東での商品別売上合計を集計できた

CHECK!

ほかの項目と同様、[フィルタ]もピボットテーブルエディタ内で複数設定が可能です。

● 支店ごとの売上の内訳を表示する

地域ごとの売上の内訳を新しいシートに展開してみましょう。

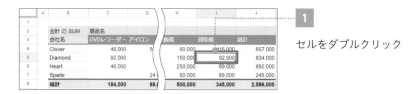

1

セルをダブルクリック

詳細なデータが新しいシートに保存された

	A	B	C	D	E	F	G	H
1	日付	会社名	地域	商品CD	商品名	価格	数量	合計
2	2021/04/11	Diamond	関東	KJ67	掃除機	23,000	1	23,000
3	2021/05/23	Diamond	関東	KJ67	掃除機	23,000	3	69,000

元データを辿ることなく、ピボットテーブル内の売上データの詳細な内訳をマスタデータの形式で確認できました。

▶ スライサーでもデータを絞り込める

スプレッドシートにはフィルタに近い機能としてスライサーも用意されています。フィルタはピボットテーブルエディタ内で[追加]の操作を行うのに対し、スライサーはピボットテーブルの近くに設置でき、集計対象をワンクリックで絞り込めます。会議などでデータの表示を瞬時に変えて見せたいときに便利です。複数のスライサーを同じ画面に設置することも可能です。

● [地域]のスライサーを設定する

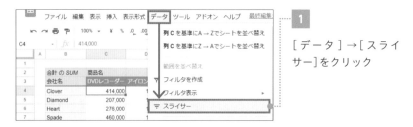

1

[データ]→[スライサー]をクリック

	A	B	C	D	E
1					
2		合計 の SUM	商品名		
3		会社名	DVDレコーダー	アイロン	エアコン
4		Clover	414,000	168,000	578,000
5		Diamond	207,000	152,000	850,000
6		Heart	276,000	168,000	272,000
7		Spade	460,000	160,000	612,000
8		総計	1,357,000	648,000	2,312,000
9					
10					
11	▼ 最初に列を選択してく… ⑦				
12					

2

ピボットテーブルの下
にスライサーが設置さ
れた

CHECK!

ドラッグで好きな位置
に動かせます。

列

日付	してください
会社名	
地域	ブルに適用する
商品CD	

3

[列]で[地域]を選択

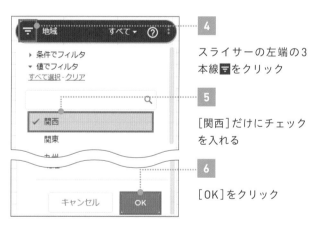

▼ 地域   すべて▾ ⑦

▸ 条件でフィルタ
▾ 値でフィルタ
すべて選択 - クリア

🔍

✓ 関西

関東

4

スライサーの左端の3
本線▼をクリック

5

[関西]だけにチェック
を入れる

キャンセル   OK

6

[OK]をクリック

	A	B	C	D	E
1					
2		合計 の SUM	商品名		
3		会社名	DVDレコーダー	アイロン	エアコン
4		Clover	23,000	8,000	68,000
5		Diamond	23,000	56,000	68,000
6		Heart	46,000		
7		Spade	23,000	40,000	
8		総計	115,000	104,000	136,000
9					
10					
11	▼ 地域 1/9 ▾				
12					

スライサーを使って関
西での商品別売上合計
を集計できた

CHECK!

スライサーが不要に
なったら、右端の3つの
ドット⋮をクリックし
て[削除]を選択しま
す。

グラフを作成して、分析結果を伝えよう

ピボットテーブルと連動したグラフは簡単に作れる

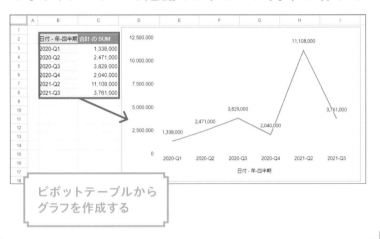

ピボットテーブルから
グラフを作成する

▶ データ分析のゴール、グラフ作成

　ビジネスシーンでは、ピボットテーブルでの分析後、グラフでデータを可視化し、チームやクライアントに分析結果を伝えることが重要になってきます。スプレッドシートではピボットテーブルと連動したグラフを効率的かつ直感的に作成できます。グラフの種類は複数あり、どのように情報を伝えたいかによって使用するグラフの種類を正しく使い分ける必要があります。まずは、主要な4つのグラフの役割とそれに応じた使い分けをマスターしましょう。

POINT:

1 データを可視化するためにグラフにする

2 ピボットテーブルとグラフは連動している

3 データの見せ方にもこだわろう

MOVIE:

https://dekiru.net/ytgs_408

● グラフを作成する

150ページのレッスン6を参考に、ピボットテーブルの[行]を[日付]に、[値]を[売上額]に設定し[日付]を年 - 四半期でグループ化しておきます。

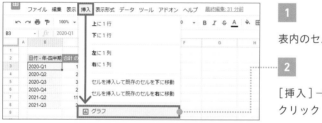

1

表内のセルを選択

2

[挿入]→[グラフ]をクリック

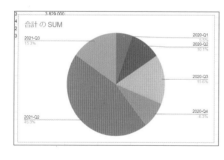

円グラフが表示された

CHECK!

初期設定は円グラフになっています。

3

[グラフエディタ]の[グラフの種類]で折れ線グラフを選択

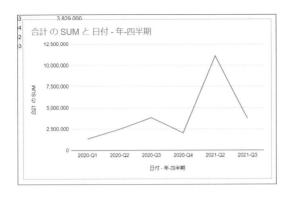

ピボットテーブルと連動した折れ線グラフを作成できた

● グラフを見やすく編集する

スプレッドシートでは、グラフ内のさまざまな要素を変更して見やすさを高めることができます。今回はあくまで一例ですが、まずグラフを大きく見せるために見出しを削除します。次に、グラフをくっきりと見せるためにグリッド線を削除します。最後に、グラフを見ただけで値もわかるよう、データラベルを用いて金額を表示していきましょう。

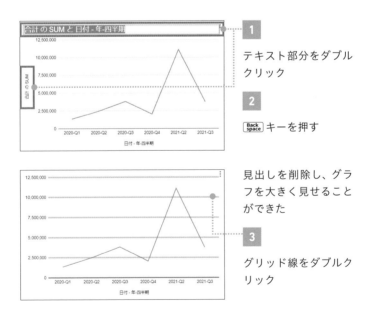

1 テキスト部分をダブルクリック

2 Back space キーを押す

見出しを削除し、グラフを大きく見せることができた

3 グリッド線をダブルクリック

4

[主要グリッド線]の
チェックを外す

グリッド線を削除でき
た

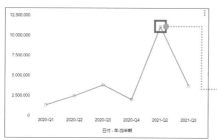

5

グラフの頂点をクリッ
ク

6

頂点に表示された〇を
ダブルクリック

7

[系列]の[データラベル]
にチェックを入れる

8

[テキストの色]を黒に変更

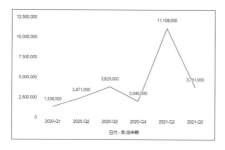

グラフに金額を黒色で
表示できた

グラフと値の色は違う色にしておくと、
視認性がアップします。

▶ ピボットテーブルとの連動

　ピボットテーブルとグラフは常に連動しており、元データが変更された場合には、ピボットテーブルにもその変更が自動的に適用されますが、データ範囲の増減だけは自動で反映されません。データ範囲が変わった場合には、グラフの設定を手動で変更する必要があります。ここでは、ピボットテーブルの[日付]のグループ化が変わった際、グラフにも正しくデータが表示されるようにしてみましょう。

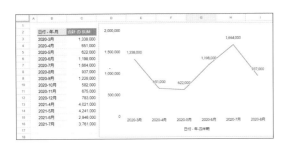

1

150ページのレッスン6を参考に[日付]のグループを[年 - 四半期]から[年 - 月]に変更

2

グラフをダブルクリック

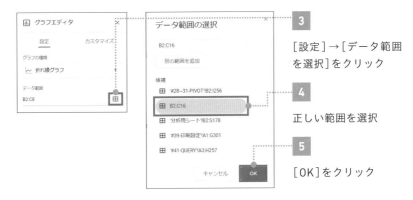

3

[設定]→[データ範囲を選択]をクリック

4

正しい範囲を選択

5

[OK]をクリック

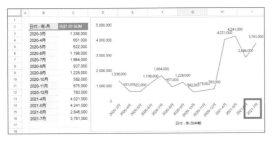

2021年7月までのデータがグラフに表示された

CHECK!

データが詰まりすぎている場合はグラフを横に広げて調節しましょう。

▶ 目的によってグラフを使い分けよう

4つのグラフの特徴を知って、適切に使い分けられるようになりましょう。

● 数値の変化の推移を見る

折れ線グラフ（時系列）

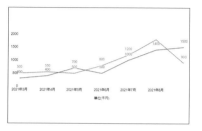

例：春から夏にかけての売上の伸び率を知りたい

● 数値の内訳を見る

円グラフ（構成比）

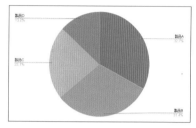

例：全体の売上に占める割合を知りたい

● 数値の大小を比較する

縦棒グラフ（量）

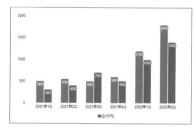

例：売上額を比較したい

● 数値の大小を比較する

横棒グラフ（ランキング）

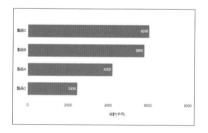

例：売上額が高い順に並べたい

> グラフの色は［表示形式］→［テーマ］で
> まとめて変更できます。

文系の方でもITを学び続けることの大切さ

　YouTubeでPC仕事術を発信する私の使命は「視聴者の方々に、今よりもさらに効率よく作業する術を知っていただき、それによって生まれる空き時間を好きな勉強や趣味のために充ててもらうことで、人生の豊かさへ寄与すること」だと考えています。この使命を達成するため、まず私自身の仕事術をアップデートしようとたくさんのソフトウェアについて学び続けてきました。そうして改めて感じたことは、無数のソフトウェアがこの世界には存在しているということです。たとえば、業務効率化という切り口だけでも、いろいろな選択肢が存在します。

プログラミング言語
定められたフォーマットで表やグラフを作るといった単純作業を自動化することができます。

BIツール
BIはBusiness Intelligenceの略。BIツールを使えば、さまざまな切り口でデータ分析された表やグラフの集合体であるダッシュボードやレポートを簡単に作れます。

ノーコード
ソースコードを一切書かずに、Webアプリなどの開発ができるサービスです。ドラッグ＆ドロップといった簡単なマウス操作で構築できます。

　このように誰でもITを活用できる環境が整っている中で、「ITは数学が得意な人、理系の人だけが扱うもの」と考えるのは非常にもったいないと思います。私も今ではこんな仕事をしていますが、高校3年間の数学の成績は160人いる学年の中で下から4番目でした。とにかくいろんなツールを試してみて、使いやすいものやもっと勉強したいと思えるソフトウェアに少しでも多くの方が出会えればうれしいです。

⏸ ⏭ 🔊　　　　　　　　　　　　　　　🖾 ⚙ ⛶

「シェア」でチームの生産性をアップさせる

誰が入力してもミスのない「仕組み」を作る

▶ チームでの作業には「仕組み」が必須

　最終章では、ほかのメンバーにスプレッドシートを共有する方法と、共有前に仕込んでおきたい機能を紹介します。ビジネスの現場では、自分一人でデータを入力してシートを完成させるパターンと、複数のメンバーがそれぞれデータを入力し、共同で1枚のシートを作成するパターンの2つがあります。後者の場合は特に、ほかのメンバーが正しくインプットを行える仕組みを作っておくことが大事です。誤入力や誤操作を防ぐための機能を学び、誰が操作してもミスのないシートにしましょう。

　オンライン環境にて使用することが前提のスプレッドシートならではのオフラインでの編集方法や、ミスをした際にデータを復元する方法、印刷設定、そしてExcelにはない4つの関数についてもこの章で解説します。スプレッドシート学習の総仕上げとして臨んでください。

> インプット→アウトプット→シェアがきれいな輪を描くようになると、仕事をより効率的に行えるようになります。

● シートを共同で閲覧、編集する

> **シートの共有**
> 複数人が同時に閲覧または編集できる　→168ページ

● 簡単かつ正確にデータを入力するための機能

シートの保護
保護した範囲を編集しようとすると確認のメッセージを表示する　→172ページ

データの入力規則
入力できるデータの形式を設定する　→182ページ

エラーメッセージ
指定した形式以外のデータが入力されそうになるとエラーが表示される　→184ページ

条件付き書式
セルの内容によって自動的に書式を変更する　→186ページ

CHAPTER 5

「シェア」でチームの生産性をアップさせる

02

シートの共有

チームのメンバーと
シートを共有する

完成したシートをチームで共有したい

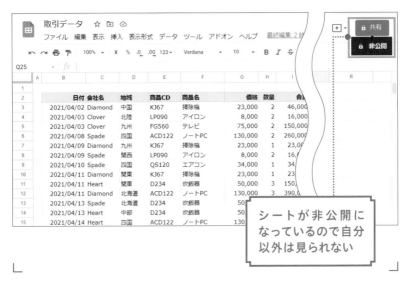

シートが非公開に
なっているので自分
以外は見られない

▶ シートを安全に共有する

スプレッドシートの最大の利点は、シートを共有しているメンバーであれば同時に閲覧や編集ができることです。共有方法には、メールアドレスを使用する方法と、スプレッドシートが持つURLを使用する方法の2つがあります。共有機能は非常に便利である反面、使い方を誤ると機密情報の漏洩につながることもあります。データの内容と公開すべき範囲をしっかり確認してから共有を行うようにしましょう。

POINT :

1	メールアドレスを使った共有が基本
2	チャットなどでアクセス方法を教える場合はURLを使う
3	セキュリティの意識を高く持とう

MOVIE :

https://dekiru.net/ytgs_502

● メールアドレスを使って共有する

　今回紹介する方法のうちで最も安全性と確実性が高い方法は、メールアドレスを用いた共有です。共有したい相手のメールアドレスを指定すると、その相手にシートのリンクが送られます。特別な理由がない限りはこの方法を使うようにしましょう。ここでは、チームでシートを編集したいので、メンバー全員に[編集者]の権限を付与します。

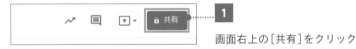

1

画面右上の[共有]をクリック

[ユーザーやグループと共有]ダイアログボックスが開く

2

[ユーザーやグループを追加]にメールアドレスを入力

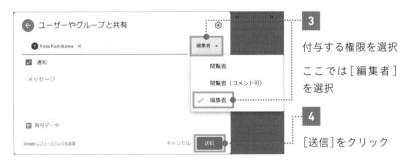

3

付与する権限を選択

ここでは[編集者]を選択

4

[送信]をクリック

共有相手のメールボックス

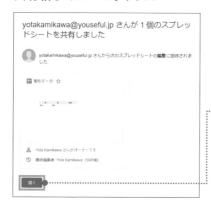

5

共有相手にシートが共有
されたことを知らせる
メールが届く

6

[開く]をクリックして
シートにアクセス

画面右上の[共有]のマーク
が鍵から人に変わったこと
が確認できる

[**権限の種類**（図表5-01）]

権限の種類	できること
編集者	入力・削除といったすべての操作が可能
閲覧者	データを見ることのみ可能
閲覧者（コメント可）	編集はできないがコメントを追加できる
オーナーにする（メンバー追加後にオーナーの画面に表示される）	編集者としてのすべての操作、ほかのメンバーに対して権限を付与できる

● URLを使って共有する

　今度はURLを使ってシートを共有していきます。すぐにメールを確認できないメンバーに対し、チャットなどですばやくスプレッドシートのアクセス方法を教える場面で役立ちます。URLが[制限付き]の場合、シートを開けるのはメールアドレスで追加されたユーザーのみです。[リンクを知っている全員]に設定すると、URLを持っていれば誰でもシートにアクセスできる状態になります。個人情報など、外部へ公表してはならない情報がシートに含まれる場合は、必ず[制限付き]にしておきましょう。

1

画面右上の[共有]をクリック

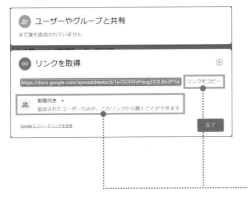

2

[リンクを取得]ダイアログ
ボックスが開く

CHECK!

URLを[制限付き]にする場合
は、169ページの手順1~4を参考
に、シートを共有したい相手をあ
らかじめ追加しておきます。

3

[制限付き]の状態で[リンク
をコピー]をクリック

コピーしたURLをチャット
画面などに貼り付けて送付
できる

https://docs.google.com/spreadsheets/d/1e7GCHVvPdugZ
X2LBn3PYdJJymBX2-xBemJ4jp94L2QY/edit?usp=sharing

● ドメインを使って共有する

会社のドメイン(例：@youseful.co.jp)がついた固有のメールアドレスが
あれば、URLからシートにアクセスできる人を、そのドメイン内のユーザー
に限定できます。会社の中でしかシートを共有できないようにしたい場合
はこの方法をとりましょう。

1

[リンクを取得]ダイアログ
ボックスで[制限付き]をク
リックし、会社のドメインを
選択

2

[リンクをコピー]をクリック

03

シートの保護／
セルの保護

シートやセルを保護して
誤入力を未然に防ぐ

［4Q売上］の欄だけ編集可能にしたい

	A	B	C	D	E	F
2		売上データ				
3						
4		氏名	1Q売上	2Q売上	3Q売上	4Q売上
5		中西悠	377,300	308,666	476,929	
6		南俊介	133,438	225,393	153,298	
7		相原豊	408,726	293,287	268,470	
8		大野由紀子	409,739	362,664	114,699	
9		川端節子	437,737	492,083	492,083	
10		久原正一	322,321	230,904	425,270	
11		金本智樹	118,140	483,644	486,585	

［1Q売上］［2Q売上］［3Q
売上］の数字は確定値な
ので変更不可にしたい

それぞれのメンバーに［4Q
売上］の欄に売上額を入力
してほしい

▶ 変えてほしくない箇所をチームのメンバーに伝える

　ほかのメンバーとシートを共有する際には、余計なデータが入力された
り、大事な行が削除されたりしないよう、シートやセルを保護することが重
要です。スプレッドシートでは、シートを保護し、保護理由を表示すること
で、シートを共有した相手が意図せずデータを変更してしまうことを未然に
防げます。また、シートを保護せず警告だけを表示することも可能です。ス
プレッドシートの保護機能をマスターして、人為ミスによる修正作業を減ら
しましょう。

POINT :

1 | 変更されたくないデータが含まれる
     シートは保護する

2 | 保護する範囲は指定できる

3 | 編集されそうになったら警告を表示
     する

MOVIE :

https://dekiru.net/ytgs_503

● シート全体を保護する

特定のセルを除いたシート全体を保護することで、指定した箇所以外を編集できなくします。ここでは、シート全体を保護して、[4Q売上]の数字を入力するセルF5〜F11だけ編集可能にします。

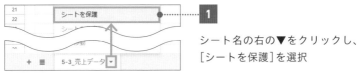

1

シート名の右の▼をクリックし、
[シートを保護]を選択

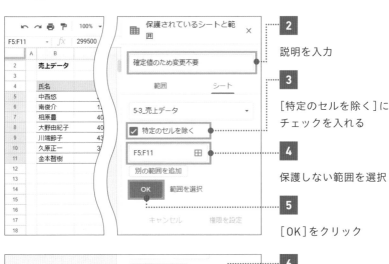

2

説明を入力

3

[特定のセルを除く]に
チェックを入れる

4

保護しない範囲を選択

5

[OK]をクリック

6

[権限を設定]をクリック

CHAPTER 5

[シェア]でチームの生産性をアップさせる

173

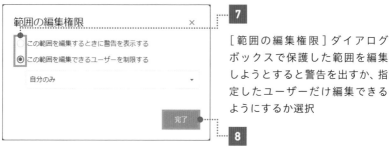

7

[範囲の編集権限]ダイアログボックスで保護した範囲を編集しようとすると警告を出すか、指定したユーザーだけ編集できるようにするか選択

8

[完了]をクリック

保護されたシートは、シート名に鍵マークが表示される

9

[データ]→[保護されたシートと範囲]をクリック

設定した保護範囲とその説明を確認できた

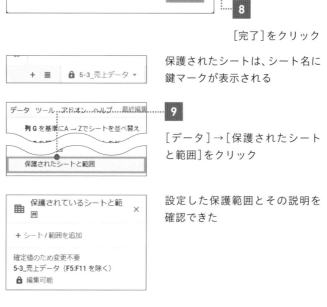

● 指定したセルを保護する

シート全体を保護するのでなく、指定した範囲だけ保護することもできます。今後新たに編集したい行や列が追加される可能性がある場合は、こちらの方法をとりましょう。ここでは、[1Q売上][2Q売上][3Q売上]の数字であるセルC5〜E11を保護してみましょう。

1

[データ]→[保護されているシートと範囲]をクリック

2

[保護されているシートと範囲]画面の[シート／範囲を追加]をクリック

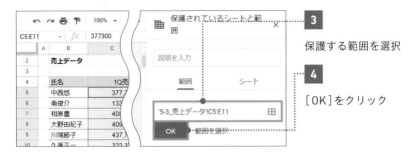

3
保護する範囲を選択

4
[OK]をクリック

[権限を設定]をクリックし、保護
する部分の権限を設定する

セルC5〜E11が保護され、それ
以外のセルは編集可能のままに
なっている

● 編集されそうになったら警告を表示する

シートやセルを保護せずに、編集されそうになったら警告を表示する方
法もあります。編集を直接的には防げませんが、注意を促せるので誤入力の
防止になります。

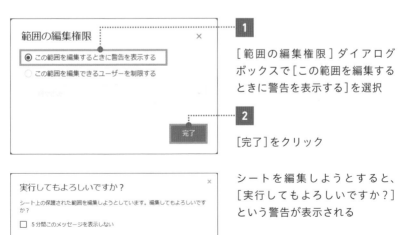

1
[範囲の編集権限]ダイアログ
ボックスで[この範囲を編集する
ときに警告を表示する]を選択

2
[完了]をクリック

シートを編集しようとすると、
[実行してもよろしいですか?]
という警告が表示される

04

**オフライン／
Googleドライブ**

オフラインでシートを
編集する

▶ ネット環境がない場所でシートを編集する

　インターネットにつながる環境があればデバイスを問わず使えるのがスプレッドシートの強みですが、事前に設定することでインターネットにつながらない環境でも編集できるようになります。飛行機での移動中など、インターネットにつながらない場面でもシートを編集できるよう、使用頻度の高いシートはオフラインでも編集できるように設定しておくのがおすすめです。

デバイス

クラウド

インターネット接続がないときは、データをデバイスに保存する

　このレッスンでは、オフライン環境で作業するために、Googleドライブにて事前の設定を行います。設定が完了したら、オフライン環境でスプレッドシートを操作します。その後、再度オンラインに切り替えることで、どのようにデータがアップデートされるのか確認しましょう。

● 現在の保存先を確認する
　スプレッドシートがどこに保存されているかを確認します。

1

デバイスがインターネットに
接続されていることを確認

1 | 事前のひと手間で、どこにいても編集が可能に！

2 | オフライン環境下ではシートの変更はデバイスに保存される

3 | オンラインに復帰すると、メンバー全員が変更を確認できるようになる

https://dekiru.net/ytgs_504

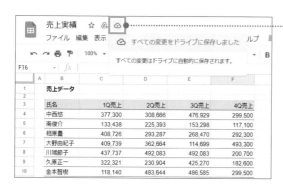

2

雲マーク☁をクリック

[すべての変更はドライブに自動的に保存されます。]と表示され、Googleドライブに保存されていることがわかる

● オフラインで使用するための設定を行う

データがGoogleドライブにだけ保存されていることがわかったら、オフラインでも使用できるように設定します。この設定はGoogleドライブ上で行います。

1

スプレッドシートと同じアカウントでGoogleドライブにログイン

2

右上の歯車⚙ →
[設定]をクリック

3

[設定]ダイアログボックスの[オフライン]にチェックを入れ、[完了]をクリック

設定ができているかを確認する

4

スプレッドシートの雲マーク☁をクリック

[このドキュメントはオフラインで使用する準備ができています]と表示された

● オフラインでの動きを確認する

　オフラインで編集した情報はデバイスに保存され、オンラインに復帰するとGoogleドライブに保存されます。Googleドライブに保存されたら、オンライン上でも変更が反映されます。

自分のPC

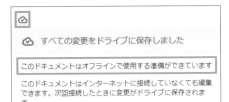

1

インターネット接続が切断されていることを確認

2

シートを編集

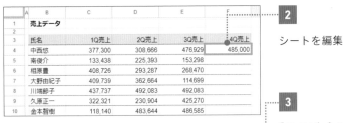

3

[このデバイスに保存しました]と表示される

共有相手のPC

	A	B	C	D	E	F
1		売上データ				
2						
3		氏名	1Q売上	2Q売上	3Q売上	4Q売上
4		中西悠	377,300	308,666	476,929	
5		南俊介	133,438	225,393	153,298	
6		相原豊	408,726	293,287	268,470	
7		大野由紀子	409,739	362,664	114,699	
8		川端節子	437,737	492,083	492,083	
9		久原正一	322,321	230,904	425,270	
10		金本智樹	118,140	483,644	486,585	

ほかのメンバーの画面を確認すると、セルF4への変更が反映されていないことがわかる

自分のPC

4

インターネットに再度接続

売上実績 ☆ 🗀 ☁ ドライブに保存しました
ファイル 編集 表示 挿入 表示形式 データ ツール

5

[ドライブに保存しました]と表示される

共有相手のPC

	A	B	C	D	E	F
1		売上データ				
2						
3		氏名	1Q売上	2Q売上	3Q売上	4Q売上
4		中西悠	377,300	308,666	476,929	485,000
5		南俊介	133,438	225,393	153,298	
6		相原豊	408,726	293,287	268,470	
7		大野由紀子	409,739	362,664	114,699	
8		川端節子	437,737	492,083	492,083	
9		久原正一	322,321	230,904	425,270	
10		金本智樹	118,140	483,644	486,585	

ほかのメンバーの画面でも変更が確認できるようになった

	A	B	C	D	E	F
1		売上データ				
2						
3		氏名	1Q売上	2Q売上	3Q売上	4Q売上
4		中西悠	377,300	308,666	476,929	485,000
5		南俊介	133,438	225,393	153,298	246,800
6		相原豊	408,726	293,287	268,470	
7		大野由紀子	409,739	362,664	114,699	
8		川端節子	437,737	492,083	492,083	
9		久原正一	322,321	230,904	425,270	400,600
10		金本智樹	118,140	483,644	486,585	

CHECK!

オフライン中にほかのメンバーが編集した箇所も、オンラインに復帰すると自動で反映されます。

ほかのメンバーが編集中のセルには色付きの枠が表示され、誰がどのセルを操作しているのかがわかります。

SHEET：505_変更履歴

ミスをしても元通りに
データを復元する

▶ 変更履歴に戻ってデータを復元する

データを自動的に保存するスプレッドシートでは、誤って入力したデータなども気づかないうちに保存されてしまいます。しかしスプレッドシートでは編集を行うたびに変更履歴が保存されているので、以前の状態に戻すことができます。キリのよいところまで作業が進んだら、最新の変更履歴にわかりやすい名前をつけ、あとから復元しやすくしましょう。なお、変更履歴をたどれるのは編集権限のあるユーザーだけです。権限の付与の仕方については168ページのレッスン2を参照してください。

● 最新の変更履歴に名前を付ける

データがある程度完成したら、わかりやすい名前の付いた変更履歴を作成しておきます。ここでは、四半期ごとの氏名別の売上データがすべて入力された状態で変更履歴を作成します。

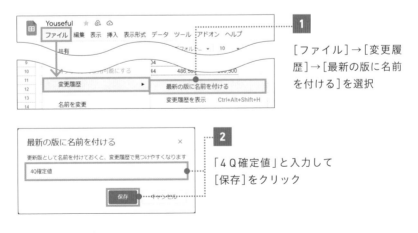

1

［ファイル］→［変更履歴］→［最新の版に名前を付ける］を選択

2

「4Q確定値」と入力して［保存］をクリック

POINT :

1 | 誤ったデータも自動的に保存されてしまう

2 | 変更履歴からデータを復元できる

3 | ショートカットを使えば変更履歴を一瞬で呼び出せる

MOVIE :

https://dekiru.net/ytgs_505

● 変更履歴を呼び出してデータを復元する

変更履歴を表示して復元してみましょう。

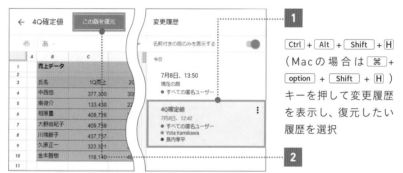

1

Ctrl + Alt + Shift + H
（Macの場合は ⌘ +
option + Shift + H ）
キーを押して変更履歴
を表示し、復元したい
履歴を選択

2

[この版を復元]をクリック

3

この版を復元しますか？

現在のドキュメントが「4Q確定値」の版に戻ります。

キャンセル　　復元

[復元]をクリック

データが復元された

181

06

データの入力規則

入力できる文字を制限して、ミスを未然に防ごう

入力できるデータの種類や内容、長さを決める

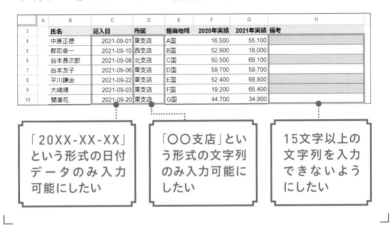

「20XX-XX-XX」という形式の日付データのみ入力可能にしたい

「○○支店」という形式の文字列のみ入力可能にしたい

15文字以上の文字列を入力できないようにしたい

▶ チームでシートを使うときは入力規則を仕込んでおく

誤入力を防ぐために有効なのが、データの入力規則です。入力できるデータをあらかじめ決めておけば、間違ったデータの入力を拒否できます。ここでは日付、文字列の内容、文字列の長さによって入力を制御する方法を学びます。

また、もし入力規則に反する値が入力された場合にはエラーメッセージを表示することができます。何を入力してもらいたいか、あらかじめエラーメッセージを設定しておくと、メンバーがメッセージを見て正しいデータを入力してくれるようになります。作業をより効率化するために、ぜひここで入力規則をマスターしましょう。

POINT :

1 セルに入力できる文字を制限して誤入力を防ぐ

2 日付、文字列の内容、文字列の長さで入力規則をかける

3 間違ったデータを入力するとエラーメッセージが表示される

MOVIE :

https://dekiru.net/ytgs_506

● 日付で入力規則をかける

日付データしか入力してほしくないセルに入力規則をかけ、ほかの文字列などを入力できなくします。

1

セルC4〜C10を選択

2

[データ]→[データの入力規則]をクリック

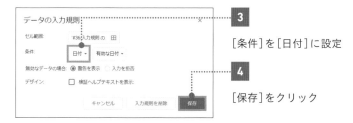

3

[条件]を[日付]に設定

4

[保存]をクリック

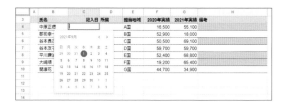

セルをクリックすると、カレンダーが表示され、日付を選択できるようになった

CHAPTER 5

「シェア」でチームの生産性をアップさせる

183

● 文字列の内容で入力規則をかける

　所属する支店名を入力してほしいセルに入力規則をかけ、「〇〇支店」という形式の文字列のみ入力できるようにします。さらに、入力規則に従わない場合には、正しい形式での入力をうながします。

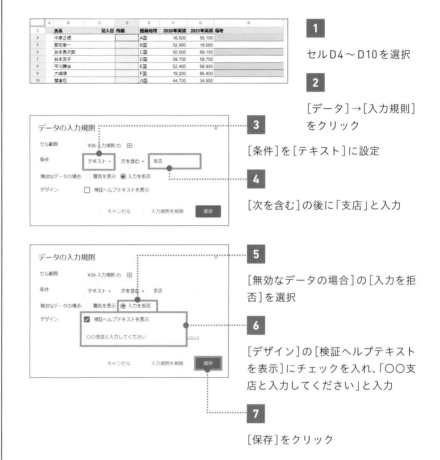

1

セルD4〜D10を選択

2

[データ]→[入力規則]
をクリック

3

[条件]を[テキスト]に設定

4

[次を含む]の後に「支店」と入力

5

[無効なデータの場合]の[入力を拒否]を選択

6

[デザイン]の[検証ヘルプテキストを表示]にチェックを入れ、「〇〇支店と入力してください」と入力

7

[保存]をクリック

「東」と入力しようとすると入力が拒否され、入力してほしい形式が表示された

● 文字列の長さで入力規則をかける

　備考欄への入力が15文字を超えないよう、入力規則をかけます。スプレッドシートには文字列の長さを制限する機能はないので、関数を使います。

〈 数式の入力例 〉

= IF (LEN (INDIRECT (ADDRESS (ROW (), COLUMN ())))) <=15,TRUE (),FALSE ())

自身のセルの文字数をカウントし、15文字以下であればTRUE、15文字を超えればFALSEを返す。
たとえば「Google」と入力されたセルB5にこの数式で入力規則をかけた場合、次のような流れで処理される。

① =LEN (INDIRECT (ADDRESS (5,2)))
　　　　　　　　……ROWとCOLUMNがそれぞれセルの行と列を返す
② =LEN (INDIRECT ("B5")) ……セルB5のデータを参照する
③ =LEN ("Google") ……セルB5の"Google"の文字数をカウントする
④ 6 ……"Google"の文字数は6文字とわかる

この最終的に返される数字が15文字以内に収まっているかを判定し、入力規則が適用されます。

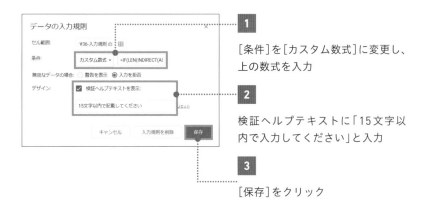

1
[条件]を[カスタム数式]に変更し、上の数式を入力

2
検証ヘルプテキストに「15文字以内で入力してください」と入力

3
[保存]をクリック

07

条件付き書式

セルの書式を設定して
データの入力漏れを防ごう

BEFORE

D	E	F
ノルマ	2021年実績	進捗状況
16,500	55,100	完了
52,900	18,000	未達
50,500	69,100	完了
59,700	-	未着手
52,400	68,800	完了
19,200	65,400	完了
44,700	34,900	未達

AFTER

D	E	F
ノルマ	2021年実績	進捗状況
16,500	55,100	完了
52,900	18,000	未達
50,500	69,100	完了
59,700	-	未着手
52,400	68,800	完了
19,200	65,400	完了
44,700	34,900	未達

進捗状況の違いが一目で
わかるように色分けしたい

[完了] は緑、[未達] は赤、[未
着手] は黄色で色分けできた

▶ 条件付き書式の機能を理解しよう

　データの入力漏れを防ぐために、条件付き書式の使い方を学びましょう。
条件付き書式とは、条件を設定してその条件を満たすセルに特定の書式を付
与できる機能です。「プラスの値を太字にする」「マイナスの値を赤字にする」
など、特定の数値を目立たせたいときに便利です。ここではまず、条件付き
書式設定ルールを見ながら、基本的な機能を理解しましょう。書式を設定し
たい範囲を決め、ルールを細かく設定する、というのが基本的な流れです。

POINT :

1 入力してほしいセルをわかりやすく表示する

2 セルに色をつけて入力箇所を視覚的に伝える

3 条件付き書式を使って条件に合ったセルだけに色をつける

MOVIE :

https://dekiru.net/ytgs_507

● 条件付き書式設定ルールの見方

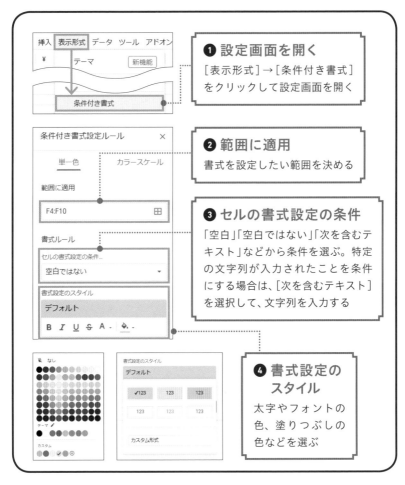

❶ 設定画面を開く
[表示形式]→[条件付き書式]をクリックして設定画面を開く

❷ 範囲に適用
書式を設定したい範囲を決める

❸ セルの書式設定の条件
「空白」「空白ではない」「次を含むテキスト」などから条件を選ぶ。特定の文字列が入力されたことを条件にする場合は、[次を含むテキスト]を選択して、文字列を入力する

❹ 書式設定のスタイル
太字やフォントの色、塗りつぶしの色などを選ぶ

CHAPTER 5

「シェア」でチームの生産性をアップさせる

187

▶ セルに色をつけて入力漏れを防ぐ

条件付き書式を使えば、進捗状況でセルを色分けしたり、入力してほしいセルと入力が不要なセルの色を変えたりできます。はじめてシートを見た人にも一目で内容が伝わるよう、条件付き書式を設定していきましょう。

◉[完了]のセルの書式を設定する

ここでは例として、進捗状況が[完了]のセルを緑で表示します。

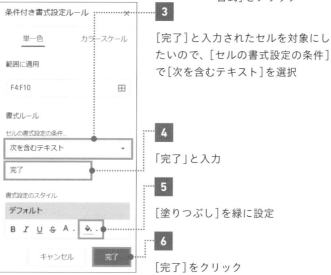

1

進捗状況のセルを選択

2

[表示形式]→[条件付き書式]をクリック

3

[完了]と入力されたセルを対象にしたいので、[セルの書式設定の条件]で[次を含むテキスト]を選択

4

「完了」と入力

5

[塗りつぶし]を緑に設定

6

[完了]をクリック

[完了]のセルが緑で表示された

● 条件を追加する

　条件付き書式は複数設定できます。ここでは進捗状況が［未達］のセルを赤、［未着手］のセルを黄色で表示する条件付き書式を追加しましょう。

1

［+条件を追加］をクリック

再度設定画面が開いた

2

前ページの手順3〜6と同様に［未達］は
赤、［未着手］は黄色に設定

［完了］［未達］［未着手］の書式を
設定できた

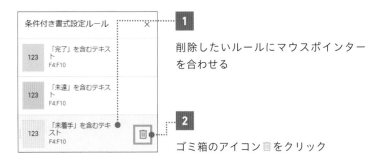

● 条件付き書式を削除する

　不要になった条件付き書式は削除できます。［条件付き書式設定ルール］を開いて、削除したいルールにマウスポインターを合わせてゴミ箱アイコンをクリックします。

1

削除したいルールにマウスポインター
を合わせる

2

ゴミ箱のアイコン▥をクリック

	A	B	C	D	E	F
3	氏名	担当地域	ノルマ	2021年実績	進捗状況	
4	中原正徳	A国	16,500	55,100	完了	
5	郡司幸一	B国	52,900	18,000	未達	
6	谷本長次郎	C国	50,500	69,100	完了	
7	谷本友子	D国	59,700	-	未着手	
8	平川謙治	E国	52,400	68,800	完了	
9	大崎順	F国	19,200	65,400	完了	
10	関凛花	G国	44,700	34,900	未達	

削除したルールが適用
されていたセルの書式
が解除された

● 前年比がプラスの人の備考欄に色をつける

　売上の前年比が0かマイナスだった人に理由を記載してほしいとします。
売り上げの前年比がプラスだった人の備考欄はグレーで塗りつぶし、入力の
必要がないことを伝えましょう。

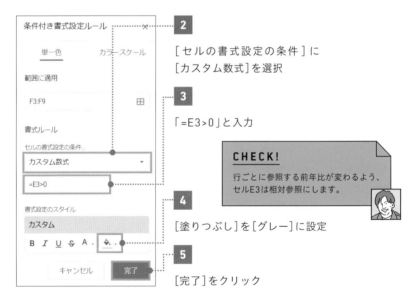

1

備考欄のセルを選択し、
[条件付き書式設定ルー
ル]を開く

2

[セルの書式設定の条件]に
[カスタム数式]を選択

3

「=E3>0」と入力

CHECK!

行ごとに参照する前年比が変わるよう、
セルE3は相対参照にします。

4

[塗りつぶし]を[グレー]に設定

5

[完了]をクリック

[前年比]がプラスだっ
た人の備考欄がグレー
で塗りつぶされた

190

● 前年比がプラスの人の行全体の色を変える

　条件に当てはまるセルを含む行全体の色を変えたい場合は、条件を設定したい表全体を選択して次のように条件付き書式を設定します。ここでは［前年比］がプラスだった人の行全体をグレーで塗りつぶしてみましょう。この場合、各行に含まれるすべてのセルが［前年比］の値を参照するように、列のみを固定する複合参照を設定するのがポイントです。

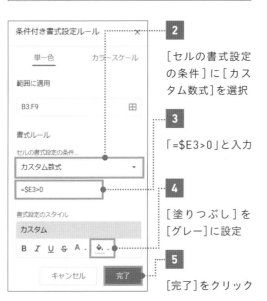

1

見出しを除く表全体を選択し、［条件付き書式設定ルール］を開く

CHECK!

表全体を選択するには、表内のセルを選択してCtrl（⌘）+Aキーを押します。見出し行を含めたくない場合は、表全体を選択してからShift+↓キーを押すと、1行ずつ選択範囲を解除できます。

2

［セルの書式設定の条件］に［カスタム数式］を選択

3

「=$E3>0」と入力

4

［塗りつぶし］を［グレー］に設定

5

［完了］をクリック

［前年比］がプラスの人の行全体がグレーで塗りつぶされた

08

グリッド線／
書式設定／列幅／
行の高さ／罫線

美しいシートに仕上げる
5つのステップ

BEFORE

	A	B	C	D	E	F
3	氏名	担当地域	2020年実績	2021年実績	備考	
4	中原正徳	A国	16,500	55,100		
5	郡司幸一	B国	52,900	18,000		
6	谷本長次郎	C国	50,500	69,100		
7	谷本友子	D国	59,700	59,700		
8	平川謙治	E国	52,400	68,800		
9	大崎順	F国	19,200	65,400		
10	関裏花	G国	44,700	34,900		
11						
12						

> よりすっきりとした
> 見た目にしたい

AFTER ⊙

	A	B	C	D	E	F
3	氏名	担当地域	2020年実績	2021年実績 備考		
4	中原正徳	A国	16,500	55,100		
5	郡司幸一	B国	52,900	18,000		
6	谷本長次郎	C国	50,500	69,100		
7	谷本友子	D国	59,700	59,700		
8	平川謙治	E国	52,400	68,800		
9	大崎順	F国	19,200	65,400		
10	関裏花	G国	44,700	34,900		
11						
12						

> 表の視認性がグッと
> 高まった

▶ 簡単5ステップで見やすいシートに整える

　シートがごちゃごちゃとした見た目をしていると、せっかくデータの分析が正しくできていても、うまく伝わらないおそれがあります。ただ、見た目を整えるのはスプレッドシートの本質的な作業ではありません。このレッスンでは、忙しい中でも簡単に5つのステップでシートを整える方法を紹介します。社内やチーム内でもシートの見た目を揃えると、さらなる生産性アップが期待できます。

1 シンプルですっきりとしたデザイン
を目指す

2 きれいなシートだと情報が伝わりや
すい

3 グリッド線や罫線など不要なビジュ
アル要素をカットする

MOVIE :

https://dekiru.net/ytgs_508

● シートを整える5つのステップ

1. グリッド線を削除する

2. セルの色は薄くする。セルの色を濃くしたい場合は文字色を白にする

3. 行の高さと幅を適切に設定する

4. 枠線は横線のみ点線で表示する

5. 見出しの位置はデータの種類によって使い分ける

● グリッド線を非表示にする

　グリッド線とは、元から引かれているセルの枠線のことです。グリッド線
を非表示にして、背景を白の無地にすることで、よりシートをすっきりと見
せましょう。

[表示]→[グリッド線]をクリック
してチェックを外す

表の周りに表示
されていたグ
リッド線が非表
示になった

● セル・文字色を変更する

セルの塗りつぶしの色や文字の色も変更できます。色を変更したいセルを選択して、[テキストの色]と[塗りつぶしの色]から色を選択します。

[テキストの色]……   ……[塗りつぶしの色]

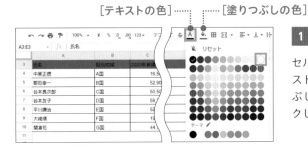

1

セルを選択して、[テキストの色]**A**と[塗りつぶしの色] ◇ をクリックして色を選択

濃い色で塗りつぶした場合は、文字は明るい色にするのが見やすくするポイント

● 列幅を自動調整する

入力されている文字に対してセルが長すぎる場合は、幅を調整します。スペースの無駄をなくすことで資料の見やすさがアップします。

1

調整したい列番号の右側の境界線にマウスポインターを合わせる

2

境界線が青くなった状態でダブルクリック

入力されたデータに合わせて列幅が自動的に調整された

● 行の高さを変更する

表が詰まりすぎだと感じたら、行の高さを少し高くしましょう。

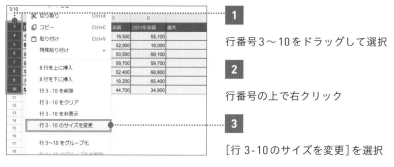

1

行番号3～10をドラッグして選択

2

行番号の上で右クリック

3

[行3-10のサイズを変更]を選択

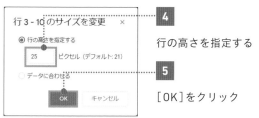

4

行の高さを指定する

5

[OK]をクリック

CHECK!

1行だけ選択すれば、その行だけ変更できます。

● 罫線を横方向のみの点線にする

罫線は必要最低限にすると見た目もすっきりして表の視認性が高まります。ここでは例として縦罫線はなくして、横罫線を点線にしてみましょう。

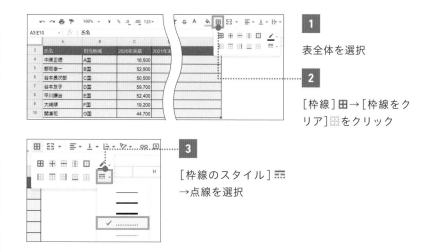

1

表全体を選択

2

[枠線]⊞→[枠線をクリア]▦をクリック

3

[枠線のスタイル]▤
→点線を選択

4

[水平の枠線] ⊞ と [下の
枠線] ⊞ をクリック

点線の罫線を横方向に
入れることができた

	A	B	C	D	E
3	氏名	担当地域	2020年実績	2021年実績	備考
4	中原正徳	A国	16,500	55,100	
5	郡司幸一	B国	52,900	18,000	
6	谷本長次郎	C国	50,500	69,100	
7	谷本友子	D国	59,700	59,700	
8	平川謙治	E国	52,400	68,800	
9	大崎順	F国	19,200	65,400	
10	関素花	G国	44,700	34,900	
11					

データベース形式の表では、目線を横方向に移動
することが多いです。横方向にだけ罫線が入ってい
ると、データを目でたどりやすいのでおすすめです。

▶ 見出しの位置をデータに揃える

スプレッドシートでは、文字列データは左詰めで、数字データは右詰めで
表示されます。見出し部分は文字データなので初期設定では左詰めで表示さ
れていますが、数字データの列の見出しは右詰めにしたほうがシートとして
見やすいです。

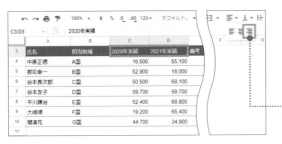

1

数字データの見出し
（ここではセルC3とセ
ルC4）を選択

2

[水平方向の配置] ≡ →
[右] ≡ をクリック

数字データに合わせて
見出しも右詰めに変更
できた

	A	B	C	D	E
3	氏名	担当地域	2020年実績	2021年実績	備考
4	中原正徳	A国	16,500	55,100	
5	郡司幸一	B国	52,900	18,000	
6	谷本長次郎	C国	50,500	69,100	
7	谷本友子	D国	59,700	59,700	
8	平川謙治	E国	52,400	68,800	
9	大崎順	F国	19,200	65,400	
10	関素花	G国	44,700	34,900	
11					

使わないセルや行を非表示にする

データを入力する予定のない行や列は削除できます。削除された部分はグレーで表示されるので、表がより際立ちます。ここでは、15行目以降を削除してみましょう。

▶ 15行目以降を削除する

1

15行目の行番号を選択

2

Ctrl（ ⌘ ）+ Shift + ↓
キーを押す

15行目以降をすべて選択できた

3

選択された行番号の上で右クリック

4

[行15 - 1013を削除]
をクリック

15行目以下のセルが削除され、グレーで表示された

CHECK!

再度列を追加したいときは、追加したい行数を入力して[追加]をクリックします。

印刷の失敗を防ぎ、
資料の完成度を上げる

印刷時に差が出る「気の利いた資料」とは？

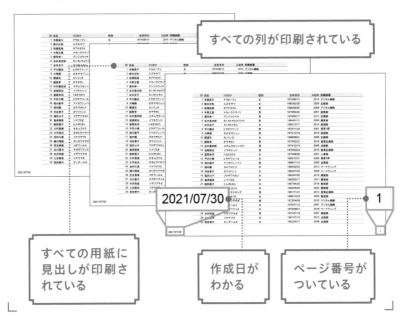

すべての列が印刷されている

すべての用紙に
見出しが印刷さ
れている

2021/07/30

作成日が
わかる

ページ番号が
ついている

▶ 資料を見やすく印刷するために、ひと手間を加える

　作成した表を紙に印刷する際、そのまま印刷に進んでしまうと、表が中途半端なところで途切れてしまったり、2枚目以降に見出しがなかったり、資料として見づらいものができあがってしまいます。資料を読む人たちにストレスを与えないためにも、事前に印刷設定を確認しましょう。ここでは、必要な情報を用紙に収め、見出しやページ番号をつける技を紹介します。

POINT :

1 中途半端なところで表が切れないように調整しよう

2 ページ番号や日付も挿入できる

3 すべてのページに表の見出しを表示する

MOVIE :

https://dekiru.net/ytgs_509

● はみだした表を1ページに収める

スプレッドシートで1枚の用紙に印刷する範囲を決めるには、印刷設定の画面で[カスタムの改ページ]をオンにします。

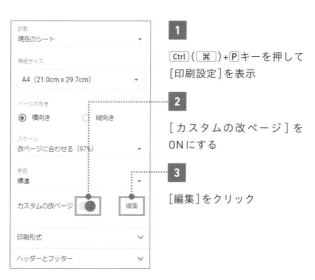

1

Ctrl (⌘)+P キーを押して[印刷設定]を表示

2

[カスタムの改ページ]をONにする

3

[編集]をクリック

印刷範囲を示す青の点線と、改ページ位置を示す青の実線が表示された

4

実線をドラッグして、1枚目の用紙に収めたい行と列を囲む

CHAPTER 5

「シェア」でチームの生産性をアップさせる

5

画面右上の[改ページ
を確定]をクリック

実線で囲んだ範囲が1
枚目の用紙に収まった

2枚目以降も同じ行数・
列数が印刷される

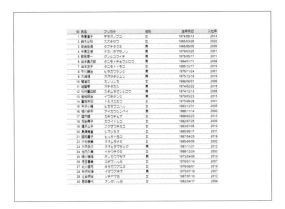

● ヘッダーとフッターの設定方法

　ヘッダー（上部）とフッター（下部）に情報を挿入できます。ここでは例と
して、ページ番号と現在の日付を初期設定の位置であるフッターに入れてみ
ましょう。[カスタム欄を編集]から挿入する情報と位置を細かく設定する
ことも可能です。

1

印刷設定の画面で[ヘッダー
とフッター]をクリック

2

[ページ番号]と[現在の日付]
にチェックを入れる

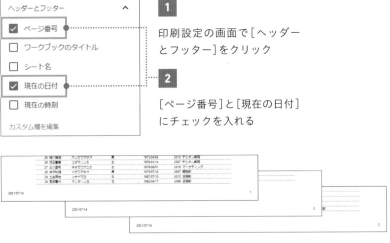

すべての用紙にページ番号と現在の日付が挿入されたことをプレビューで確認

● すべてのページに見出しを印刷する

初期設定のままだと、2枚目以降の用紙には表の見出し行が印刷されません。見出し行を固定し、すべての用紙に見出しが印刷されるように設定しましょう。今回の資料は2行目が見出し行なので、2行目までを固定します。

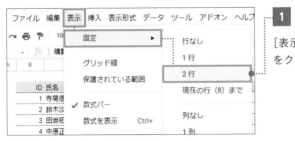

1

[表示]→[固定]→[2行]をクリック

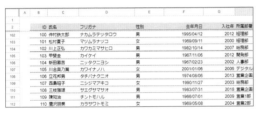

下にスクロールしても常に2行目までが表示されるようになった

2

Ctrl（⌘）+ P キーを押して[印刷設定]を表示

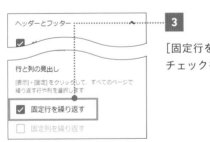

3

[固定行を繰り返す]にチェックを入れる

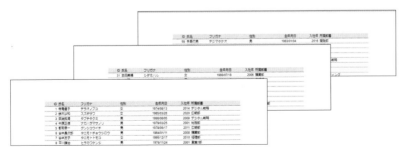

すべての用紙に見出しが設定されたことをプレビューで確認

10

ARRAYFORMULA

数式の入力を減らして
動作が重くなるのを防ごう

1つのセルに数式を入力して計算結果を全セルに入れる

	B	C	D	E	F	G	H
2	生徒名	試験日	A	B	C	合計	評価(以上)
3	大島 雄太郎	2021/1/15	30	87	41	158	=IF(G3>=150,
4	前田 研治	2021/1/15	63	87	86	236	=IF(G4>=150,
			76	49	71	196	=IF(G5>=150,
			87	94	58	239	=IF(G6>=150,
			38	64	78	180	=IF(G7>=150,

すべての評価欄に数式が
入力されている

	B	C	D	E	F	G	H
2	生徒名	試験日	A	B	C	合計	評価(以上)
3	大島 雄太郎	2021/1/15	30	87	41	158	=ARRAYFORM
4	前田 研治	2021/1/15	63	87	86	236	合格
				49	71	196	合格
				94	58	239	合格
				64	78	180	合格

最初のセルに数式を入力する
だけで結果が入力された

▶ 数式の入力回数を大幅に減らそう

　本書の締めくくりとして、ここからはExcelにはないスプレッドシート独
自の関数を紹介していきます。このレッスンで扱うのは **ARRAYFORMULA**
関数です。これまで、テストの合計点に応じて評価を決定するようなケース
では、評価欄の最初のセルに数式を入力し、一番下のセルまで数式をコピー
してすべての結果を表示していました。しかし入力される数式が膨大になる
と、スプレッドシートの動きが重くなってしまいます。

　ARRAYFORMULA関数を使うと、1つの数式を入力するだけでほかのセル
にも数式結果を表示できます。そして、最初のセル以外には結果が文字デー
タとして入力されます。つまり、数式の入力回数を抑え、スプレッドシート
の動作を軽く保つことができるのです。

POINT :

1 入力する数式は極力少なくする

2 ARRAYFORMULA関数の入った数式を最初のセルに入力するだけでOK

3 最初のセル以外は文字列データとして記載される

MOVIE :

https://dekiru.net/ytgs_510

● 合計点に応じて合格／不合格を判定する

数式の結果をほかのセルに文字データとして入力する

アレイフォーミュラ
ALLAYFORMULA（配列数式）

引数[配列数式]から返された値を複数行または複数列に文字データとして入力する。

〈 数式の入力例 〉

引数に配列を指定したIF関数の結果を、対応するセル範囲に入力したい

=ARRAYFORMULA (IF(G3:G28>=150,"合格","不合格"))

CHAPTER 5

「シェア」でチームの生産性をアップさせる

	B	C	D	E	F	G	H
2	生徒名	試験日	A	B	C	合計	評価(以上)
3	大島 雄太郎	2021/1/15	30	87	41	158	合格
4	前田 研治	2021/1/15	63	87	86	236	合格
5	前田 智子	2021/1/15	76	49	71	196	合格
6	中田 敏子	2021/1/15	87	94	58	239	合格
7	増田 雲乃	2021/1/15	38	64	78	180	合格
8	中田 章	2021/1/15	58	75	67	200	合格
9	矢部 剛史	2021/1/15	85	16	29	130	不合格
10	宮崎 洋平	2021/1/15	47	88	98	233	合格
11	矢島 康人	2021/1/15	96	47	63	206	合格
12	太田川 美奈	2021/2/10	52	98	27	177	合格
13	増田 浩	2021/2/10	86	31	15	132	不合格
14	渡井 裕香	2021/2/10	88	77	80	245	合格
15	増井 和子	2021/2/10	24	19	35	78	不合格
16	古川 大介	2021/2/10	93	89	82	264	合格

H3　｜　fx　=ARRAYFORMULA(IF(G3:G28>=150,"合格","不合格"))

1

セルH3に上の数式を入力

数式を下へコピーしなくても、結果が文字データで入力された

11

QUERY

条件に合致するすべての データを抽出する

VLOOKUP関数では条件に合致するデータを 複数取り出せない

	A	B	C	D	E	F	G	H	I
2		日付	会社名	地域	商品CD	商品	価格	数量	売上額
3		2021/04/02	Diamond	中国	KJ67	掃除機	23,000	2	46,000
4		2021/04/03	Clover	北陸	LP090	アイロン	8,000	2	16,000
5		2021/04/03	Clover	九州	EG560	テレビ	75,000	2	150,000
		04/08	Spade				130,000		
25					D234	炊飯器			100,000
26		2021/04/24	Clover	関西	LP090	アイロン	8,000	1	8,000
27		2021/04/24	Heart	東北	ACD122	ノートPC	130,000	3	390,000
28		2021/04/27	Clover	関西	KJ67	掃除機	23,000	3	69,000
29		2021/04/27	Clover	九州	KJ67	掃除機	23,000	2	46,000

2個以上売れた掃除機のデータを 関数を使って抽出したい

▶ QUERY関数はVLOOKUPとフィルタのハイブリッド版！

VLOOKUP関数は大変便利な関数として本書でも紹介してきましたが、 「データベース内で、条件に合致する最初のデータしか取り出せない」という 限界があります。これを解決するのがスプレッドシート独自の関数である QUERY関数です。

QUERY関数は、VLOOKUP関数にフィルタ機能を組み合わせたような関数 です。フィルタ機能と違って、元データを残したまま別の指定したセル範 囲にデータを抽出できることもメリットの1つです。抽出と同時に指定し た条件で並べ替えることもできます。少し複雑な関数なので、ゆっくり順を 追って理解していきましょう。

POINT :

1 | 複数のデータを1つの関数で探し出して表示する

2 | 元データとは別の表で抽出できる

3 | フィルタ機能のように並べ替えることも可能

MOVIE :

https://dekiru.net/ytgs_511

条件を満たす複数のデータを抽出する

QUERY (データ, クエリ, 見出し)

抽出元となるデータ範囲を引数［データ］で指定し、引数［クエリ］で抽出する項目を指定する。引数［クエリ］では、行列番号を指定するselect句、条件を指定するwhere句、並べ替えを指定するby orderを使う。引数［クエリ］は必ず「"」で囲み、select句、where句、by order句と列番号の間には半角スペースを挿入する。最後に引数［見出し］で見出し行の番号を指定する。引数［見出し］は省略可能。

〈 数式の入力例 〉

セルB2〜I256からB、C、D列のデータをすべて取り出したい

= QUERY(B2:I256,"select B,C,D")
　　　　　　➊　　　　　➋

〈 引数の役割 〉

	A	B	C	D	E	F	G	H	I	J	K	L	M
2		日付	会社名	地域	商品CD	商品		価格	数量	売上額		=QUERY(B2:I256,"select B,C,D")		
3		2021/04/02	Diamond	中国	KJ67	掃除機		23,000	2	46,000				
4		2021/04/03	Clover	北陸	LP090	アイロン		8,000	2	16,000				
5		2021/04/03	Clover	九州	FG560	テレビ		75,000	2	150,000				
		2021/04/08	Spade	四国		ソニータ...			2	260,000				
		/00	Diamond	九州	KJ67					23,000				
253								130,000						
254		2020/09/1				ノートPC		130,000						
255		2020/10/24	Spade	四国	PI078	DVDレコーダー		23,000	1	23,000				
256		2020/03/26	Spade	九州	PI078	DVDレ...				60,000				

データはQUERY関数を入力したセルに抽出されます

➊ データ
セルB2〜I256

➋ クエリ
B、C、D列
select句（select XXX という形式）で表記

◉［日付］［会社名］［地域］のデータを抽出する

　列全体を取り出したい場合は列番号で指定します。ここでは、元のデータベースからB列の［日付］、C列の［会社名］、D列の［地域］のデータをすべて抽出したいので、引数［クエリ］に「select B,C,D」と指定します。

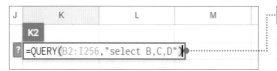

$$= \text{QUERY}\,(\underbrace{\text{B2:I256}}_{\text{データ}}\,,\,\underbrace{\text{"select B,C,D"}}_{\text{クエリ}}\,)$$

J	K	L	M
	K2		
?	=QUERY(B2:I256,"select B,C,D")		

1

抽出先の先頭のセルに上の数式を入力

2

Enter キーを押す

J	K	L	M
	日付	会社名	地域
	2021/04/02	Diamond	中国
	2021/04/03	Clover	北陸
	2021/04/03	Clover	九州
	2021/04/08	Spade	四国
	2021/04/09	Diamond	九州
	2021/04/09	Spade	関西
	2021/04/10	Spade	四国
	2021/04/11	Diamond	関東

［日付］［会社名］［地域］のデータをすべて抽出できた

数式をコピーしなくても、数式を入力したセルを起点にしてデータが自動で表示されます。ARRAYFORMULA関数と同様に、先頭のセル以外はすべて文字データとして入力されているので、スプレッドシートの動作が重くなるのを防ぐことができます。

理解を深める **HINT** 🔍   ☰

ほかのシートからデータを抽出する

引数［データ］を指定する際に、ほかのシートへ移動して範囲を選択することもできます。その際は、［データ］の部分にシート名が表示されます。

QUERY!K2	I	J
? =QUERY('#41-QUERY'!B3:I257,"select B,C,D")		
数量	売上額	
2	46,000	
2	16,000	
2	150,000	
	260,000	

● F列が掃除機のデータを抽出する

抽出するデータを絞り込みたい場合は、「どこの何」がほしいのかを、selectに続けて「where 列番号＝抽出したいデータ」という形式を加えて指定します。たとえば、F列が掃除機のデータを抽出したい場合は「select * where F='掃除機'」となります。

$$= QUERY$$

(B2:I256 , "select * where F ='掃除機'" , 1)
　　 データ 　　　　　　　　　　クエリ 　　　　　　　　　 見出し

クエリ関数の外側で「"」を使っているので、掃除機は「'」で囲みます。

J	K2
?	=QUERY(B2:I256,"select * where F ='掃除機'",1)

1

抽出先の先頭のセルに上の数式を入力

2

Enter キーを押す

F列が掃除機のデータをすべて抽出できた

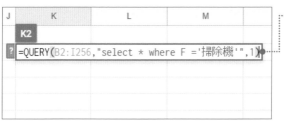

CHAPTER 5

「シェア」でチームの生産性をアップさせる

207

● 数量が「2」以上の掃除機のデータを抽出する

クエリ内で追加する条件をAND関数やOR関数でつなげれば、複数の条件を満たすデータを抽出できます。F列が[掃除機]かつH列が[2]以上のものだけに絞り込みたい場合は、「and H >= 2」と指定します。

$$= QUERY\,(\underline{B2:I256}\,,$$
データ
$$\underline{\text{"select * where F ='掃除機' and H >= 2"}}\,,\underline{1})$$
クエリ　　　　　　　　　　　　　　　　　　　　　　見出し

J	K	L	M	N
	K2			
?	=QUERY(B2:I256,"select * where F ='掃除機' and H >=2 ",1)			

1

抽出先の先頭のセルに上の数式を入力

2

Enter キーを押す

F列が掃除機、かつH列が2以上のデータを抽出できた

J	K	L	M	N	O	P	Q	R
2	日付	会社名	地域	商品CD	商品	価格	数量	売上額
3	2021/04/02	Diamond	中国	KJ67	掃除機	23,000	2	46,000
4	2021/04/27	Clover	関西	KJ67	掃除機	23,000	3	69,000
5	2021/04/27	Heart	九州	KJ67	掃除機	23,000	2	46,000
6	2021/05/13	Diamond	四国	KJ67	掃除機	23,000	2	46,000
7	2021/05/23	Diamond	関東	KJ67	掃除機	23,000	3	69,000
8	2021/05/24	Heart	関東	KJ67	掃除機	23,000	3	69,000
9	2021/05/24	Heart	四国	KJ67	掃除機	23,000	2	46,000
10	2021/05/26	Heart	東北	KJ67	掃除機	23,000	3	69,000
11	2021/06/26	Diamond	中国	KJ67	掃除機	23,000	2	46,000
12	2021/07/04	Heart	四国	KJ67	掃除機	23,000	3	69,000
13	2021/07/09	Diamond	東北	KJ67	掃除機	23,000	2	46,000
14	2021/07/09	Clover	関東	KJ67	掃除機	23,000	2	46,000
15	2021/07/12	Heart	四国	KJ67	掃除機	23,000	3	69,000
16	2021/07/13	Heart	関西	KJ67	掃除機	23,000	2	46,000
17	2021/07/16	Spade	北海道	KJ67	掃除機	23,000	2	46,000
18	2021/07/19	Clover	四国	KJ67	掃除機	23,000	2	46,000
19	2021/07/26	Heart	北海道	KJ67	掃除機	23,000	3	69,000
20	2021/07/29	Heart	中部	KJ67	掃除機	23,000	3	69,000
21	2020/12/30	Diamond	北陸	KJ67	掃除機	23,000	3	69,000
22	2020/04/22	Clover	中部	KJ67	掃除機	23,000	2	46,000
23	2020/03/29	Clover	中部	KJ67	掃除機	23,000	2	46,000
24	2020/03/14	Spade	関東	KJ67	掃除機	23,000	3	69,000
25	2020/09/03	Heart	九州	KJ67	掃除機	23,000	2	46,000
26	2020/12/29	Clover	関東	KJ67	掃除機	23,000	3	69,000
27	2020/05/11	Spade	関西	KJ67	掃除機	23,000	3	69,000
28	2020/03/02	Clover	北海道	KJ67	掃除機	23,000	2	46,000
29								

QUERY関数には範囲を選択するselect句、絞り込みを行うwhere句、並べ替えを行うorder by句が登場するなど、コンピューター言語のSQLと構造が非常に似ています。QUERY関数の知識がSQLの学習にも役立つということは頭の片隅にいれておくとよいでしょう。

▶ [数量]が多い順、[日付]が古い順にデータを並べる

　最後に、抽出と同時にデータを並べ替える方法を紹介しましょう。並べ替えにはorder by句を使い、降順か昇順のどちらかを指定します。降順は英語の「descending」の略の「desc」、昇順は「ascending」の略の「asc」で表記します。たとえば、掃除機の[数量]が降順（大きい順）になるように並べ替え、数量が同じだった場合に[日付]が昇順（古い順）に並ぶようにするには、「order by H desc , B asc」となります。

$$= \text{QUERY}\,(\underbrace{\text{B2:I256}}_{\text{データ}}\,,\,\underbrace{\text{"select * where F ='掃除機'}}_{\text{クエリ}}$$

$$\underbrace{\text{and H >= 2 order by H desc , B asc"}}_{}\,,\,\underbrace{\text{1}}_{\text{見出し}}\,)$$

1		抽出先の先頭のセルに上の数式を入力

```
K2
=QUERY(B2:I256,"select * where F ='掃除機' and H >=2 order by H desc,B asc",1)
```

2　Enter キーを押す

F列が掃除機、かつH列が2以上のデータを数量が多い順に並べ、同じ数量のデータは付が古い順に並べられた

日付	会社名	地域	商品CD	商品	価格	数量	売上額
2020/03/14	Spade	関東	KJ67	掃除機	23,000	3	69,000
2020/05/11	Spade	関西	KJ67	掃除機	23,000	3	69,000
2020/12/29	Clover	関東	KJ67	掃除機	23,000	3	69,000
2020/12/30	Diamond	北海道	KJ67	掃除機	23,000	3	69,000
2021/04/27	Clover	関西	KJ67	掃除機	23,000	3	69,000
2021/05/23	Diamond	関東	KJ67	掃除機	23,000	3	69,000
2021/05/24	Heart	関東	KJ67	掃除機	23,000	3	69,000
2021/05/26	Heart	東北	KJ67	掃除機	23,000	3	69,000
2021/07/04	Heart	四国	KJ67	掃除機	23,000	3	69,000
2021/07/12	Heart	四国	KJ67	掃除機	23,000	3	69,000
2021/07/26	Heart	北海道	KJ67	掃除機	23,000	3	69,000
2021/07/29	Heart	中部	KJ67	掃除機	23,000	3	69,000
2020/03/02	Clover	北海道	KJ67	掃除機	23,000	2	46,000
2020/03/29	Clover	中部	KJ67	掃除機	23,000	2	46,000
2020/04/22	Clover	中部	KJ67	掃除機	23,000	2	46,000
2020/09/03	Heart	九州	KJ67	掃除機	23,000	2	46,000
2021/04/02	Diamond	中国	KJ67	掃除機	23,000	2	46,000
2021/04/27	Clover	九州	KJ67	掃除機	23,000	2	46,000
2021/05/14	Diamond	四国	KJ67	掃除機	23,000	2	46,000
2021/05/24	Diamond	四国	KJ67	掃除機	23,000	2	46,000
2021/06/26	Diamond	中国	KJ67	掃除機	23,000	2	46,000
2021/07/09	Diamond	東北	KJ67	掃除機	23,000	2	46,000
2021/07/09	Clover	関東	KJ67	掃除機	23,000	2	46,000
2021/07/13	Heart	関西	KJ67	掃除機	23,000	2	46,000
2021/07/16	Spade	北海道	KJ67	掃除機	23,000	2	46,000
2021/07/19	Clover	四国	KJ67	掃除機	23,000	2	46,000

12

IMPORTHTML

Webページ上の表や
リストを取り出す

ほしい表は、Webページから丸ごと取り出す

Webページ上
から特定の表
をスプレッド
シートに転記
したい

▶ **Webページ上の表やリストを関数1つで取り出せる**

Webページにある表やリストをそのままスプレッドシートで使いたい場合、同じデータをスプレッドシートで一から作成するのは面倒です。そんなときに役に立つのが、ExcelにはないIMPORTHTML関数です。この関数を使えば、Webページにある表やリストを丸ごと取り出してシートに表示させることができます。さらに、スプレッドシートの更新時に、サイト上にある元データの変更が自動で反映されるので、為替など常に変動のあるデータを取り出す際に便利です。

HTMLとはWebページを作るためのプログラミング言語ですが、ここではこの言語を完全に理解する必要はありません。デベロッパーツールを開いてタグを確認するだけで、簡単にスプレッドシートに表やリストを取り出してくることができます。難しいと構えずにトライしていきましょう。

POINT :

MOVIE :

1 | 表やリストを一発で取得できる

2 | デベロッパーツールを使う

3 | 表の場合は"table"、リストの場合は"li"と指定する

https://dekiru.net/ytgs_512

Webページの要素を取得する

インポートエイチティーエムエル
IMPORTHTML（URL,クエリ,指数）

引数[URL]でWebページのURLを「"」で囲んで指定する。引数[クエリ]には、取得する要素が表の場合は"table"、リストの場合は"list"を入力し、引数[指数]にはWebページ内のその要素の並び順を指定する。

〈 数式の入力例 〉

Webページの上から2番めにある為替レート一覧表を取り出したい

$$= IMPORTHTML（"https://xxxx","table",2）$$
        ❶   ❷   ❸

〈 引数の役割 〉

❶ URL
URLを「"」で囲む

❷ クエリ
表の場合は"table"と指定

❸ 指数
ページ内で2番目の表なので「2」と指定

● デベロッパーツールでタグの確認をする

　Webページはタイトルや画像、文章などさまざまな要素で構成されていますが、それぞれタグというもので意味付けされています。たとえば表は<table>、リストは<list>というタグで意味付けされています。Google Chromeのデベロッパーツールで実際にタグを確認してみましょう。

　ここでは例としてX-RATES（https://www.x-rates.com/）からアルファベット順の為替レートの表を取得します。

1

Google Chromeで
Webページにアクセス

2

F12 キーを押す

デベロッパーツールが
表示された

3

左上の ⬚ をクリック

4

取得したいアルファ
ベット順の表にマウス
ポインターを合わせる

その部分のHTMLが表
示されるので、タグを
確認する

ここでは<table>であ
ることがわかった

● アルファベット順の為替レート一覧表を取り出す

取得したい表が`<table>`タグで作られていることがわかったので、IMPORTHTML関数の引数[クエリ]に"table"と入力してスプレッドシートにデータを取り出します。

$$= \text{IMPORTHTML} (\underline{\text{"https://xxxx"}}, \underline{\text{"table"}}, \underline{2})$$

URL　　　　　　クエリ　指数

引数[指数]についてはデベロッパーツールで確認できません。ある程度目星をつけたうえで実際に数式に数字を入力して、Webページ内で何番目の表、リストであるのかを判断していきます。

	A	B	C	D	E	F
1						
2		`=IMPORTHTML("https://www.x-rates.com/table/?from=USD&amount=1","table",2)`				
3						
4						
5						
6						
7						
8						
9						
10						

1

表を取り出したいセルに上の数式を入力

引数[URL] にはWebページのURLを入力する

CHECK!

Alt + D（⌘ + L）キーを押すとアドレスバーの文字列が選択できます。

2

Enter キーを押す

	A	B	C	D
1				
2		US Dollar	1.00 USD	inv. 1.00 USD
3		Argentine Peso	96.190949	0.010396
4		Australian Dollar	1.347435	0.742151
5		Bahraini Dinar	0.376	2.659574
6		Botswana Pula	11.030382	0.090659
7		Brazilian Real	5.112096	0.195614
8		Bruneian Dollar	1.356393	0.737249
9		Bulgarian Lev	1.656696	0.603611
10		Canadian Dollar	1.259116	0.794208
11		Chilean Peso	756.816509	0.001321
12		Chinese Yuan R/	6.467995	0.154607
13		Colombian Peso	3816.882256	0.000262
14		Croatian Kuna	6.345917	0.157582

Webページ上の表がスプレッドシートに表示された

タグが`<list>`の場合は、[クエリ]に"list"と入力します。

「シェア」でチームの生産性をアップさせる

Webページの情報を
ピンポイントで取得する

Webページから指定したデータを取り出したい

Webページ内のほしい情報
を指定して取得できる

▶ 引数［指数］なしでサクッとデータを取り出す

IMPORTHTML関数では、引数［指数］を自分で探し当てる必要がありました。今回紹介するIMPORTXML関数を使えば、引数［指数］の代わりにXPathを入力することで、Webページから指定したデータを取り出すことができます。つまり、Webページからリストを取り出す際、その中で何番目のリストなのかを指定しなくてよいのです。データの取り出しをよりスムーズに行うために、IMPORTXML関数の使い方をマスターしましょう。

IMPORTXML関数が対応できない
Webページも存在するので注意して
ください。

1 | ほしい要素を直接指定する

2 | XPathはデベロッパーツールで取得する

3 | 属性を指定して複数のデータを一括で取り出せる

https://dekiru.net/ytgs_513

CHAPTER 5

「シェア」でチームの生産性をアップさせる

Webページ上のデータを直接取り出す

インポートエックスエムエル
IMPORTXML (URL,XPathクエリ)

引数［URL］で欲しいデータがある場所を指定する。デベロッパーツールでXPathを取得し、引数［XPathクエリ］に指定する。引数［URL］［XPathクエリ］は「"」で囲む。引数［XPathクエリ］の内側に再度「"」を入力する場合は、内側の「"」を「'」に変更する。

〈 数式の入力例 〉

Webページから為替変動率のリストを取り出したい

= IMPORTXML ("https://xxxx",
❶
"//*[@id='ratesTrends']")
❷

〈 引数の役割 〉

❶ URL
上のアドレスバーからコピー

❷ XPathクエリ
//*[@id="ratesTrends"]
デベロッパーツールから取得

215

● XPathを取得する

　XPathとは、Webページを構成する「XML」という言語の属性や要素を指定するための仕組みです。Webページ内の取得したい情報のXPathをコピーして引数に指定するだけで、その情報を取り出せます。ここでは、為替変動率のリストのXPathを取得します。

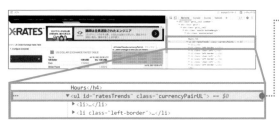

1

212ページの手順1〜4を参考に、デベロッパーツールで為替変動率のリストを表す行を見つける

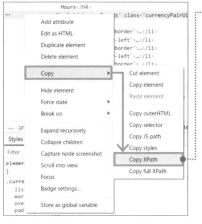

2

行の上で右クリック→[Copy]→[Copy XPath]をクリック

XPathをコピーできた

● 為替変動率のリストを取り出す

　XPathをコピーできたら、IMPORTXML関数に組み込んで、リストを取り出しましょう。WebページのURLを引数[URL]に、上でコピーしたXPathを引数[XPathクエリ]に貼り付け、XPath内の「"」を「'」に変更してください。

= IMPORTXML
("https://xxxx", "//*[@id='ratesTrends']")
　　　URL　　　　　　　XPathクエリ

1 表を取り出したいセル
に数式を入力

2

Enter キーを押す

	A	B	C	D	E	F	G	H	I
1									
2	EUR/USD-0.157 USD/JPY+0.107 GBP/USD+0.00% USD/CHF+0.40% USD/CAD+0.25% EUR/JPY-0.0497 AUD/USD-0.314 CNY/USD+0.03063%								
3									
4									

Webページ上の為替変動率のリストがスプレッドシートに表示された

● 取り出したデータをリスト形式にする

上の例では、取得した情報が1つのセルに入力されたため、横一列で見づらくなってしまいました。これをリスト形式にしてみましょう。関数内の引数［XPath クエリ］の最後に「/li」と追加します。

= IMPORTXML
("https://xxxx", "//*[@id='ratesTrends'] /li")
　　　　URL　　　　　　　　　XPathクエリ　　　リスト形式

1 表を取り出したいセ
ルに上の数式を入力

引数［URL］には
WebページのURL
を入力する

	A	B	C
1			
2		EUR/USD	-0.17%
3		USD/JPY	+0.10052%
4		GBP/USD	+0.01301%
5		USD/CHF	+0.42081%
6		USD/CAD	+0.28143%
7		EUR/JPY	-0.07%
8		AUD/USD	-0.34%
9		CNY/USD	+0.00882%
10			

行が改行され、リストと
して読めるようになった

IMPORTXML関数を
使った場合、Webペー
ジの変更は2時間ご
とに更新されます。

▶ 表やリスト以外のデータもまとめて取り出す

　IMPORTXML関数は、表やリスト以外のデータを取り出すのにも使えます。さらに、Webページから見出しなどの同じ要素のデータをすべて取り出したい場合、要素で指定して一気に取り出すことができます。

　具体的には、引数［XPathクエリ］の部分で、取得したい要素を「//」に続けて指定します。ここでは例として「おさとエクセル」のブログ（ https:// osanaikohei.com/category/blog/ ）で、記事の見出しをすべて取り出してみましょう。まずはデベロッパーツールで見出し部分の要素を見極めることからはじめます。

ブログ記事の見出しを
すべて取り出したい

● ブログの各記事のタイトルの要素を調べる

　まずはデベロッパーツールで引数［XPathクエリ］に入力する要素を確認することからはじめましょう。Google ChromeでWebページにアクセスします。

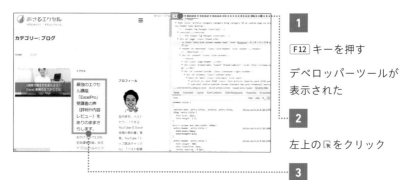

1

F12 キーを押す

デベロッパーツールが
表示された

2

左上の ⌖ をクリック

3

取得したいデータにマ
ウスポインターを合わ
せる

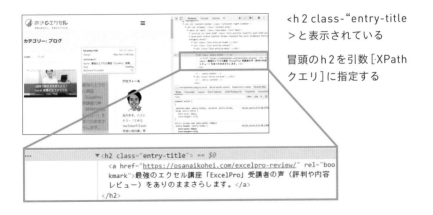

冒頭のh2を引数 [XPath クエリ] に指定する

<h2 class="entry-title"> と表示されている

<h2 class="entry-title"> == $0
  <a href="https://osanaikohei.com/excelpro-review/" rel="boo
kmark">最強のエクセル講座「ExcelPro」受講者の声（評判や内容
レビュー）をありのままさらします。</a>
</h2>

● ブログ記事の見出しをすべて取り出す

ブログ記事の見出しの要素が＜h2＞であることがわかったので、IMPORTXML関数の引数[XPathクエリ]に「//h2」と入力し、h2の要素のデータをすべて取り出すように指示します。

= IMPORTXML ("https://xxxx", "//h2")

URL　　　　 XPathクエリ

1

表を取り出したいセルに上の数式を入力

引数 [URL] には WebページのURL を入力する

ブログ記事の見出しをすべて取り出すことができた

私がYouTubeをやっていて
一番よかったと思うこと

　近年、幅広い世代の方がYouTubeを利用するようになったと実感しています。コロナ以前はエンタメを中心に、若者向けのコンテンツが多いという印象だったのですが、今では筋トレ・料理などの多様なコンテンツが視聴されており、ユースフルが活動するビジネス仕事術の領域の人気も高まっています。

　YouTubeというプラットフォームを利用して不特定多数の方に自身の存在や活動を発信することは、私にとって新鮮で、このうえなく魅力的なことでもあります。なぜなら、「無限の樹形図」をより意識して活動できるからです。

　「無限の樹形図」は医療漫画『最上の名医』に登場する言葉です。「命を救うことは、その患者のみならず、患者の子供・孫と目に見えない生命を救うことにつながっている」というのが主人公の基本的なスタンスです。その「1人の患者への治療が今後多くの人へ影響する」という考えが「無限の樹形図」のベースとなっています。さらに、医療へのやる気を失っていた周りの医者たちにも主人公の熱量が伝播していくという様子も「樹形図」として形容されています。

　この「樹形図」の概念はYouTubeの場にも適用できると私は考えています。私が実務の悩みを解決し、よりよく働けるヒントをお届けすることにより、まずは読者である皆さまの助けになる。そして、皆さまが周りで同じような悩みを抱えている方々にアドバイスを送る。YouTubeという多くの方に見ていただける場所で発信しているからこそ、ユースフルから始まる「樹形図」は遠くまで広がっていきます。ですので、「会社で共有します」というコメントをいただけたときは個人的にすごくうれしいんですよね。

　まずは大前提として、これからも私は視聴者の皆さまにとって有益な動画を撮り続けられるよう、精進し続けて参ります。ぜひ皆さまもタメになった知識は周りの方にどんどんシェアしていってください。もちろん、ユースフルのチャンネル登録を勧めていただくのも嬉しいですね(笑)。

⏸ ⏭ 🔊　　　　　　　　　　　　　　🔲 ⚙ ⛶

INDEX

機能名やキーワードから知りたいことを探せます。

神川陽太　かみかわ ようた

ユースフル株式会社 AI事業統括
中央大学法学部を卒業後、アマゾンウェブサービスジャパン（AWS）にてセールス職を経験後、ユースフルへ参画。Microsoft365やCopilot仕事術に関する講座を多数開発し、クライアントのビジネスパーソンやプロスポーツ選手から熱い支持を集める。Udemy生成AIコースベストセラー講師。

長内孝平　おさない こうへい

ユースフル株式会社 代表取締役 / Microsoft MVP
2021年以来2年連続でMicrosoft MVPとして米国マイクロソフト本社より表彰。テクノロジーの専門家でありながら、総合商社勤務を通じてビジネス現場の勘所を深く理解する動画教育のプロフェッショナル。米ワシントン大学留学、神戸大学経営学部卒業、伊藤忠商事株式会社出身。法人向けにはデジタル人材育成の領域において、従来の知識講義型の研修とは異なる「コミット型研修」を展開する。

ユースフル / 実務変革のプロチャンネル

ユースフル / 実務変革のプロチャンネルは、最前線で戦うビジネスパーソンの悩みを解決するYouTubeチャンネル。MicrosoftやGoogle等の仕事術の他、プログラミング等のテクノロジー教養、営業会計等のビジネススキル教養を学ぶことができる。

ユースフル / 実務変革のプロのチャンネルはこちら
https://www.youtube.com/@youseful_skill

神川陽太のチャンネルはこちら
「神川陽太 / Copilot & AI × Microsoft仕事術」
https://www.youtube.com/@youseful_yota

STAFF

カバーデザイン	小口翔平 + 奈良岡菜摘（tobufune）
カバー写真	渡 徳博、島崎雄史
本文デザイン	大上戸由香（nebula）
本文イラスト	野崎裕子
DTP制作	町田有美
デザイン制作室	鈴木 薫
制作担当デスク	柏倉真理子
編集	明間慧子
副編集長	田淵 豪
編集長	藤井貴志

本書は、Googleスプレッドシートを使ったパソコンの操作方法について2021年9月時点の情報を掲載しています。紹介している内容は用途の一例であり、すべての環境において本書の手順と同様に動作することを保証するものではありません。本書の利用によって生じる直接的または間接的被害について、著者ならび、弊社では一切責任を負いかねます。あらかじめご了承ください。

■ 商品に関する問い合わせ先

このたびは弊社商品をご購入いただきありがとうございます。本書の内容などに関するお問い合わせは、下記のURLまたは二次元バーコードにある問い合わせフォームからお送りください。

https://book.impress.co.jp/info/

上記フォームがご利用いただけない場合のメールでの問い合わせ先

info@impress.co.jp

※お問い合わせの際は、書名、ISBN、お名前、お電話番号、メールアドレス に加えて、「該当するページ」と「具体的なご質問内容」「お使いの動作環境」を必ずご明記ください。なお、本書の範囲を超えるご質問にはお答えできないのでご了承ください。

● 電話やFAX でのご質問には対応しておりません。また、封書でのお問い合わせは回答までに日数をいただく場合があります。あらかじめご了承ください。

● インプレスブックスの本書情報ページ　https://book.impress.co.jp/books/1120101167 では、本書のサポート情報や正誤表・訂正情報などを提供しています。あわせてご確認ください。

● 本書の奥付に記載されている初版発行日から3年が経過した場合、もしくは本書で紹介している製品やサービスについて提供会社によるサポートが終了した場合はご質問にお答えできない場合があります。

■ 落丁・乱丁本などの問い合わせ先

FAX 03-6837-5023
service@impress.co.jp

※古書店で購入されたものについてはお取り替えできません。

できるYouTuber式

Google スプレッドシート 現場の教科書
（できるYouTuber式シリーズ）

2021年9月21日　初版発行
2024年8月1日　第1版第6刷発行

著者　　神川陽太、長内孝平

発行人　小川 亨

編集人　高橋隆志

発行所　株式会社インプレス
　　　　〒101-0051　東京都千代田区神田神保町一丁目105番地
　　　　ホームページ　https://book.impress.co.jp/

印刷所　株式会社暁印刷

ISBN 978-4-295-01249-8　C3055
Printed in Japan